中华烹饪古籍经典藏书

吴氏中馈录 本心斋疏食谱

（外四种）

［宋］ 浦江吴氏 等撰

中国商业出版社

图书在版编目（ＣＩＰ）数据

吴氏中馈录·本心斋疏食谱：外四种 /（宋）浦江
吴氏等撰 .-- 北京：中国商业出版社，2022. 10
　ISBN 978-7-5208-2226-8

　Ⅰ.①吴…　Ⅱ.①浦…　Ⅲ.①食谱—中国—宋代—选
集　Ⅳ.① TS972.1

　中国版本图书馆 CIP 数据核字（2022）第 168070 号

责任编辑：郑　静

中国商业出版社出版发行
（www.zgsycb.com　100053 北京广安门内报国寺 1 号）
总编室：010-63180647　编辑室：010-83118925
发行部：010-83120835/8286
新华书店经销
唐山嘉德印刷有限公司印刷
＊
710 毫米 ×1000 毫米　16 开　7.5 印张　70 千字
2022 年 10 月第 1 版　2022 年 10 月第 1 次印刷
定价：49.00 元
＊＊＊＊
（如有印装质量问题可更换）

一

委 员

林百浚	闫 囡	杨英勋	尹亲林	彭正康	兰明路
胡 洁	孟连军	马震建	熊望斌	王云璋	梁永军
唐 松	于德江	陈 明	张陆占	张 文	王少刚
杨朝辉	赵家旺	史国旗	向正林	王国政	陈 光
邓振鸿	刘 星	邸春生	谭学文	王 程	李 宇
李金辉	范玖炘	孙 磊	高 明	刘 龙	吕振宁
孔德龙	吴 疆	张 虎	牛楚轩	寇卫华	刘彧弢
王 位	吴 超	侯 涛	赵海军	刘晓燕	孟凡宇
佟 彤	皮玉明	高 岩	毕 龙	任 刚	林 清
刘忠丽	刘洪生	赵 林	曹 勇	田张鹏	阴 彬
马东宏	张富岩	王利民	寇卫忠	王月强	俞晓华
张 慧	刘清海	李欣新	王东杰	渠永涛	蔡元斌
刘业福	王德朋	王中伟	王延龙	孙家涛	郭 杰
张万忠	种 俊	李晓明	金成稳	马 睿	乔 博

《吴氏中馈录·本心斋疏食谱（外四种）》
工作团队

统　筹

刘万庆

注　释

孙世增　唐　艮　吴国栋　姚振节　刘　晨　夏金龙

译　文

刘　晨　夏金龙　张可心　刘义春

中国烹饪古籍丛刊
出版说明

　　国务院一九八一年十二月十日发出的《关于恢复古籍整理出版规划小组的通知》中指出：古籍整理出版工作"对中华民族文化的继承和发扬，对青年进行传统文化教育，有极大的重要性"。根据这一精神，我们着手整理出版这部丛刊。

　　我国的烹饪技术，是一份至为珍贵的文化遗产。历代古籍中有大量饮食烹饪方面的著述，春秋战国以来，有名的食单、食谱、食经、食疗经方、饮食史录、饮食掌故等著述不下百种，散见于各种丛书、类书及名家诗文集的材料，更是不胜枚举。为此，发掘、整理、取其精华，运用现代科学加以总结提高，使之更好地为人民生活服务，是很有意义的。

　　为了方便读者阅读，我们对原书加了一些注释，并把部分文言文译成现代汉语。这些古籍难免杂有不符合现代科学的东西，但是为尽量保持其原貌原意，译注时基本上未加改动；有的地方作了必要的说明。希望读者本着"取其精华，去其糟粕"的精神用以参考。

　　编者水平有限，错误之处，请读者随时指正，以便修订和完善。

中国商业出版社

1982 年 3 月

出 版 说 明

20世纪80年代初，我社根据国务院《关于恢复古籍整理出版规划小组的通知》精神，组织了当时全国优秀的专家学者，整理出版了"中国烹饪古籍丛刊"。这一丛刊出版工作陆续进行了12年，先后整理、出版了36册。这一丛刊的出版发行奠定了我社中华烹饪古籍出版工作的基础，为烹饪古籍出版解决了工作思路、选题范围、内容标准等一系列根本问题。但是囿于当时条件所限，从纸张、版式、体例上都有很大的改善余地。

党的十九大明确提出："深入挖掘中华优秀传统文化蕴含的思想观念、人文精神、道德规范，结合时代要求继承创新，让中华文化展现出永久魅力和时代风采。"做好古籍出版工作，把我国宝贵的文化遗产保护好、传承好、发展好，对赓续中华文脉、弘扬民族精神、增强国家文化软实力、建设社会主义文化强国具有重要意义。中华烹饪文化作为中华优秀传统文化的重要组成部分必须大力加以弘扬和发展。我社作为文化的传播者，坚决响应党和国家的号召，以传播中华烹饪传统文化为己任，高举起文化自信的大旗。因此，我社经过慎重研究，重新系统、全面地梳理中华烹饪古籍，将已经发现的 150 余种烹饪古籍分 40 册予以出版，即这套全新的"中华烹饪古籍经典藏书"。

此套丛书在前版基础上有所创新，版式设计、编排体例更便于各类读者阅读使用，除根据前版重新完善了标点、注释之外，补齐了白话翻译。对古籍中与烹饪文化关系不十分紧密或可作为另一专业研究的内容，例如制酒、饮茶、药方等进行了调整。由于年代久远，古籍中难免有一些不符合现代饮食科学的内容和包含有现行法律法规所保护的禁止食用的动植物等食材，为最大限度地保持古籍原貌，我们未做改动，希望读者在阅读过程中能够"取其精华、去其糟粕"，加以辨别、区分。

我国的烹饪技术，是一份至为珍贵的文化遗产。历代古籍中留下大量有关饮食、烹饪方面的著述，春秋战国以来，有名的食单、食谱、食经、食疗经方、饮食史录、饮食掌故等著述屡不绝书，散见于诗文之中的材料更是不胜枚举。由于编者水平所限，书中难免有错讹之处，欢迎大家批评指正，以便我们在今后的出版工作中加以修订和完善。

中国商业出版社

2022 年 8 月

本书简介

本书是《吴氏中馈录》和《本心斋疏食谱》的合订本，附郑望《膳夫录》、黄庭坚《食时五观》、虞悰《食珍录》、司膳内人《玉食批》也是宋代烹饪史料。

《吴氏中馈录》收于元人陶宗仪《说郛》，名为《浦江吴氏中馈录》。《绿窗女史》《古今图书集成》亦载。作者生平事迹不详。《吴氏中馈录》载录脯鲊、制蔬、甜食三个部分，共七十多种菜点制作方法，都是江南（主要是浙江）民间家食之法，有些至今还在吴越江淮流行。

《本心斋疏食谱》是素食菜谱，一卷。被收入《百川学海》《丛书集成新编》。作者生平不详。原书署名"门人清漳友善书堂陈达叟编"。《四库全书总目提要》认为，作者是一位名叫"本心"的老人，编者陈达叟是其门人。"疏"通"蔬"，指素食。所记二十个素食品种中，原料备品七种，菜品十三种。在对每一种菜品做简要介绍后，都附有十六字的"赞"。对于今天仍有参考价值。

所附《膳夫录》《食时五观》《食珍录》《玉

食批》，选自《古今图书集成》。所述食品名称及烹制法多不可考，但也做了简单注释及译文，为读者进一步研究提供方便。

中国商业出版社

2022年6月

目 录

吴氏中馈录

〔宋〕浦江吴氏　撰

孙世增　　注释
唐　艮
刘　晨

夏金龙　　译文
张可心

脯①鲊②

蟹生③

用生蟹剁碎，以麻油先熬熟，冷，并草果、茴香、砂仁、花椒末，水姜④、胡椒俱为末，再加葱、盐、醋共十味入蟹内，拌匀，即时可食。

【译】把生蟹剁碎，用麻油先熬熟，放冷，把草果、茴香、砂仁、花椒末、水姜、胡椒都研成末，再加葱、盐、醋共十味料放入蟹内，拌匀，随即就可以吃了。

炙⑤鱼

鲚鱼新出水者，治净，炭上十分炙干，收藏。一法，以鲚鱼去头尾，切作段，用油炙熟。每服⑥用箬⑦间盛瓦罐内，

① 脯（fǔ）：干肉。

② 鲊（zhǎ）：一种腌制品。

③ 蟹生：《蟹略》蟹食条："蟹生，又名洗手蟹、酒蟹。"

④ 水姜：何物不详。疑指姜汁。

⑤ 炙：原指烤肉。后世用油煎，亦有称油炙者。

⑥ 服：有的版本作"段"。

⑦ 箬（ruò）：竹叶。

泥封。

【译】将新出水的鲥鱼，洗净，放炭上烤得十分干后，收藏起来。另一方法，把鲥鱼去头尾，切成段，用油煎熟。然后一层层用竹叶间隔着盛在瓦罐内，用泥封好。

水腌鱼

腊中，鲤鱼切大块，拭干。一斤用炒盐四两擦过，腌一宿，洗净，晾干。再用盐二两、糟一斤拌匀，入瓮，纸、箬、泥封涂①。

【译】腊月里，把鲤鱼切成大块，擦干。一斤鱼用四两炒盐擦过，腌一夜，洗净，晾干。再用二两盐、一斤糟拌匀，装入坛中，用纸、竹叶依次盖上，再用泥封严。

肉鲊

生烧②猪（羊）腿，精批作片，以刀背匀捶三、两次，切作块子。沸汤随漉出，用布内扭干。每一斤入好醋一盏，盐四钱，椒油③、草果、砂仁各少许，供馔亦珍美。

---

① 纸、箬、泥封涂：这是封闭瓮口的顺序，先用纸，再用竹叶，最后用泥封严。

② 生烧：粗加工方法。具体方法不详。

③ 椒油：用花椒炸过的油。

【译】生烧猪（羊）腿，细切成片，用刀背均匀捶打两三次，切成块。随即用滚开的水焯下捞出，再用布包起扭干。每一斤肉中放入一碗好醋、四钱盐以及少许花椒油、草果、砂仁，用来做饭食也是很珍美的。

瓜齑

酱瓜、生姜、葱白、淡笋干或茭白、虾米、鸡胸肉各等分，切作长条丝儿，香油炒过，供之。

【译】酱瓜、生姜、葱白、淡笋干或者茭白、虾米、鸡胸肉各等份，切成长条丝儿，用香油炒过，供食用。

算条巴子

猪肉精①、肥各另切作三寸长，各如算子②样。以砂糖、花椒末、宿砂③末调和得所，拌匀，晒干，蒸熟。

【译】瘦、肥猪肉都切成三寸长，像算子的样子。用砂糖、花椒末、宿砂末调和拌匀后，晒干，蒸熟。

---

① 精：瘦肉。

② 算子：古代计数用的筹码。

③ 宿砂：宿砂仁，一种调味品，可入中药。

炉焙鸡①

用鸡一只，水煮八分熟，剁作小块。锅内放油少许，烧热，放鸡在内略炒，以鲜镟子②或碗盖定，烧及热，醋、酒相半，入盐少许，烹之。候干，再烹。如此数次，候十分酥熟，取用。

【译】选鸡一只，用水煮至八分熟，剁成小块。锅内放油少许，烧热，把鸡块放进略微炒一下，用旋子或碗盖住，烧到热时，加入醋、酒，加少许盐，烘烤。等水分干了，加水再烘烤。这样烘烤几次，等鸡十分酥熟后，即可取出食用。

蒸鲥鱼

鲥鱼去肠不去鳞，用布拭去血水，放盪锣③内，以花椒、砂仁、酱擂碎，水、酒、葱拌匀，其味和④，蒸，去鳞，供食。

【译】鲥鱼去肠不去鳞，用布擦去血水，放到汤箩内，

① 炉焙鸡：这个菜应用了煮、炒、焙、烹四种烹调方法，是代表当时烹饪水平的菜肴之一。焙，把食品放在器皿里，用微火在下面烘烤。

② 镟（xuàn）子：旋子。原为温酒的器具。铜制，像盘而较大，通常用来做粉皮。

③ 盪锣：《说文解字》："盪，涤器也。"段注凡贮水于器中，摇荡之去滓，曰盪。"盪者，涤之甚者也。"宋·赵彦卫《云麓漫钞》："军中以锣为洗（器），正如秦汉用刁斗可以警夜，又可以炊饮，取其便耳。"

④ 和：调和。

把花椒、砂仁、酱捣碎，加入水、酒、葱拌匀，调和好口味，蒸熟后去鳞，便可食用。

夏月腌肉法

用炒过热盐擦肉，令软、匀，下缸内。石压一夜，挂起。见水痕即以大石压干，挂当风处，不败①。

【译】用炒过的热盐擦肉，使肉软、均匀，放入缸内。用石头压一夜后，取出挂起。见有水痕就用大石压干，挂在通风处，不会腐败。

风鱼法

用青鱼、鲤鱼，破，去肠、胃，每斤用盐四、五钱，腌七日，取起，洗净，拭干。腮②下切一刀，将川椒、茴香加炒盐擦入腮内并腹里，外以纸包裹，外用麻皮扎成一个，挂于当风之处。腹内入料多些，方妙。

【译】选用青鱼、鲤鱼，破开，去掉肠、胃，每斤鱼用四五钱盐，腌制七天，取出，洗净，擦干。鳃下切一刀，将川椒、茴香加炒盐放入鳃内和鱼腹里，外面用纸包裹，再用

---

① 不败：不会腐败。

② 腮：同"鳃"。下同。

麻皮扎成一整个，挂到通风的地方。腹内放入的料要多些，这样才好。

肉生法

用精肉切细薄片子，酱油洗净。入火烧红锅，爆炒，去血水，微白即好。取出切成丝，再加酱瓜、糟萝卜、大蒜、砂仁、草果、花椒、桔丝、香油拌炒肉丝。临食，加醋和匀，食之甚美。

【译】把瘦肉细切成薄片，再用酱油洗净。用火把锅烧热，爆炒肉片，去血水，肉片微白就可以了。将肉片取出切成丝，再加入酱瓜、糟萝卜、大蒜、砂仁、草果、花椒、橘丝、香油拌炒肉丝。等吃的时候，加醋调匀，吃起来很美味。

鱼酱法

用鱼一斤，切碎洗净后，炒盐三两、花椒一钱、茴香一钱、干姜一钱、神曲①二钱、红曲五钱，加酒和匀，拌鱼肉，入磁②瓶封好，十日可用。吃时加葱花少许。

【译】用一斤鱼，洗净后切碎，加入三两炒盐、一钱花

① 神曲：酒母，酒曲。

② 磁：同"瓷"。

椒、一钱茴香、一钱干姜、两钱酒曲、五钱红曲，加酒调和均匀，拌入鱼肉，放入瓷瓶内封好，十天后就可以吃了。吃的时候加入少许葱花。

糟猪头、蹄爪法

用猪头、蹄爪，煮烂，去骨，布包摊开，大石压匾^①，实落一宿，糟用甚佳。

【译】把猪头、蹄爪，煮烂去骨，布包摊开，用大石压扁，放置一夜，糟用也非常好。

酒腌虾法

用大虾（不见水洗），剪去须尾。每斤用盐五钱，腌半日，沥干，入瓶中。虾一层，放椒三十粒，以椒多为妙。或用椒拌虾，装入瓶中亦妙。装完，每斤用盐三两，好酒化开，浇入瓶内，封好泥头。春秋五七日，即好吃。冬月十日，方好。

【译】选用大虾（不要用水洗），剪去须和尾。每斤虾用五钱盐腌半天，沥干，放入瓶中。每一层虾放三十粒花椒，花椒越多越好。或者用花椒拌虾，装入瓶中，也挺好。装完，每斤虾用三两盐，用好酒将盐化开，浇入瓶内，用泥封好。

---

① 匾：同"扁"。

春秋五至七天就可以吃了，冬天十天才好。

蛏①鲊

蛏一斤、盐一两，腌一伏时②。再洗净、控干，布包石压，加熟油五钱，姜、桔丝五钱，盐一钱，葱丝五分，酒一大盏，饭糁③一合④，磨米，拌匀，入瓶，泥封，十日可供。鱼鲊同。

【译】一斤蛏肉、一两盐，腌制二十四小时。再洗净、控干，用布包上石头压住，加五钱熟油、五钱姜丝和橘丝、一钱盐、五分葱丝、一大碗酒、一合熟饭粒，将饭粒磨碎，共同搅匀，装入瓶中，用泥封闭，十天后就可以吃了。鱼鲊的制法和此法相同。

醉蟹

香油入酱油内，亦可久留不沙⑤。糟、醋、酒、酱各一碗，蟹多，加盐一碟。又法：用酒七碗、醋三碗、盐二碗醉

---

① 蛏（chēng）：双壳类软体动物，呈长扁条形，生在海滩泥沙中。

② 一伏时：同"一复时"，指二十四小时，出自《本草纲目》。

③ 饭糁（sǎn）：米粒（指煮熟的）。

④ 一合（gě）：一升的十分之一。

⑤ 不沙：不潵，不变质。沙，俗谓"潵"，肉腐败变碎。

蟹，亦妙。

【译】香油加入酱油内，也可以久留不变质。加糟、醋、酒、酱各一碗，如果蟹多，再加一碟盐。另一种方法：用七碗酒、三碗醋、两碗盐来醉蟹，也特别好。

晒虾不变红色

虾用盐炒熟，盛笋内，用井水淋，洗去盐，晒干。色红不变。

【译】虾用盐炒熟，盛入笋内，用井水淋，洗去盐，晒干。虾不变红色。

煮鱼法

凡煮河鱼，先下水下烧^①，则骨酥；江、海鱼，先调滚汁^②下锅，则骨坚也。

【译】凡是煮河鱼时，都先要冷水下锅，这样鱼骨易酥；煮江鱼、海鱼时，先用调了味并烧开的汁下锅，鱼骨头就会硬。

---

① 先下水下烧：这是说鱼要冷水下锅，第二个"下"字似衍或误。

② 先调滚汁：用调了味并烧开的汁。

煮蟹青色、蛤蜊脱丁①

用柿蒂三五个，同蟹煮，色青；后用枇杷核内仁同蛤蜊煮脱丁。

【译】用三至五个柿子蒂把儿，同蟹一起煮，螃蟹颜色青；用枇杷核内仁一同煮蛤蜊，蛤蜊容易脱丁。

造肉酱

精肉四斤（去筋、骨），酱一斤八两②，研细盐四两，葱白细切一碗，川椒、茴香、陈皮各五六钱，用酒拌各粉，并肉如稠粥，入坛，封固。晒烈日中十余日，开看，干再加酒，淡再加盐，又封以泥，晒之。

【译】用四斤精肉（去筋、骨）、一斤半的酱、四两研细的盐、一碗细切的葱白及川椒、茴香、陈皮各五至六钱，用酒拌各种调味料，和肉一起拌成像稠粥一样，装入缸中，封存。在烈日中晒十多天后，打开看看，如果干就再加酒，如果淡就再加盐，再用泥封好，继续晒。

---

① 蛤蜊脱丁：指连接蛤蜊肉与壳之间的柱形贝肌，呈圆丁形。一说蛤蜊肉遇热收缩呈肉丁，即与贝壳自动脱离。

② 一斤八两：相当于现在的一斤半。旧制十六两为一斤。本书中所说的"两"，都是旧制。

黄雀鲊^①

每只治净，用酒洗，拭干，不犯水^②。用麦黄^③、红曲、盐、椒、葱丝，尝味，和为止。即将雀入匾坛内，铺一层，上料一层，装实，以箸盖篾片扦定。候卤出，倾去，加酒浸，密封，久用。

【译】把黄雀一只只用酒洗净，擦干净，不要沾水。用麦黄、红曲、盐、椒、葱丝调味，尝尝味道，直到调和好为止。然后将黄雀装入扁缸内，铺一层黄雀，加一层调料，装实，用竹盖篾片扦牢固。等卤出来之后，倒掉，再加酒浸泡，密封，供以后食用。

治食有法

洗猪肚用面、洗猪脏用砂糖，不气^④。

煮笋，入薄荷，少加盐，或以灰，则不蔹^⑤。

糟蟹，坛上加皂角半锭，可留久。

洗鱼，滴生油一二点，则无涎^⑥。

---

① 黄雀鲊：又称"披绵鲊"。

② 不犯水：不沾水。这里指不用水洗。

③ 麦黄：曲的一种。《本草纲目》："此乃以米麦粉和罨（yǎn），待其熏蒸成黄。"

④ 不气：没有内脏的腥臭气。

⑤ 不蔹（liǎn）：没有蔹草的苦辣味。

⑥ 涎：这里指鱼体分泌出的黏液。

煮鱼，下末香①，不腥。

煮鹅，下樱桃叶数片，易软。

煮陈腊肉将熟，取烧红炭，投数块入锅内，则不油菝气②。

煮诸般肉，封锅口，用楮实子③一二粒同煮，易烂又香。

夏月肉单用醋煮，可留十日。

面不宜生水过，用滚汤，停冷，食之。

烧肉忌桑柴火。

酱蟹、糟蟹忌灯照，则沙④。

酒酸，用小豆一升炒焦，袋盛，入酒坛中，则好。

染坊沥过淡灰⑤，晒干，用以包藏生黄瓜、茄子，至冬月可食。

用松毛包藏桔子，三四月不干。绿豆藏桔，亦可。

【译】洗猪肚用面，洗猪内脏用砂糖，没有腥臭气。

煮笋时，加入薄荷，少加盐，或用灰，就没有菝草的苦辣味。

---

① 末香：木香，一名青木香、南木香，菊科植物云木香的根。其香气如蜜，又名"蜜香"。

② 不油菝气：没有陈腊肉的油辣味。

③ 楮实子：又称楮桑，桑科植物构树的果实，种仁充满油脂，中医列为补药。

④ 忌灯照，则沙：忌用灯照，照过后则瀹。

⑤ 染坊沥过淡灰：指染布后过滤出来的沉淀物，即兰淀灰。染坊，染布的作坊。

糟蟹时，缸上加半块皂角，可长久保留。

洗鱼时，滴入一两滴生油，就不会有黏液。

煮鱼时，加入木香，鱼不会腥。

煮鹅时，加入几片樱桃叶，鹅肉容易软。

煮陈腊肉快熟时，取几块烧红的炭投入锅内，就没有陈腊肉的油辣味。

煮各种肉时，封好锅口，用一两粒楮子实与肉同煮，肉容易烂而且味道香。

夏天煮肉时加些醋，可保存十天。

煮面不要用生水过水，要用开水过水，放凉了再吃。

烧肉时，忌用桑柴火。

酱蟹、糟蟹时，忌灯照，照过后则瀣。

酒酸了，用一斤小豆炒焦后，装入袋中，放入酒缸里，就好了。

染坊过滤出来的兰淀灰，晒干，用它包裹储藏生黄瓜、茄子，直到冬天都还可以吃。

用松毛包裹储藏橘子，三四个月都不会干。用绿豆储藏橘子也可以。

制蔬

配盐瓜菽①

老瓜、嫩茄合五十斤，每斤用净盐二两半。先用半两腌瓜、茄一宿，出水。次用桔皮五斤、新紫苏（连根）三斤、生姜丝三斤、去皮杏仁二斤、桂花四两、甘草二两、黄豆一斗，煮酒五斤，同拌，入瓮，合满，捺实。箬五层，竹片捺定，箬裹泥封，晒日中。两月取出，入大椒半斤，茴香、砂仁各半斤，匀晾晒在日内②。发热乃酥美。黄豆须拣大者，煮烂，以麸皮罨热③，去麸皮，净用。

【译】老瓜、嫩茄共五十斤，每斤用二两半净盐。先用半两盐将老瓜、嫩茄腌一夜，腌至出水。然后用五斤橘皮、三斤连根的新紫苏、三斤生姜丝、两斤去皮杏仁、桂花四两、二两甘草、一斗黄豆、五斤煮酒，一同拌匀，装入坛中，装满，按实。加五层竹叶，竹片按牢，用竹叶裹住泥封存，放到太阳下晒。两个月后取出，放入半斤大椒及茴香、砂仁各半斤，均匀地晾晒在有太阳的地方。发热后才酥美。

---

① 菽（shū）：豆类的总称。

② 匀晾晒在日内：均匀地晾晒在有太阳的地方。

③ 以麸皮罨热：用麸皮覆盖起来，让它发热。

黄豆要拣大的，要煮得很烂，用麸皮覆盖起来，让它发热，再去麸皮，整治干净后就可以食用了。

糖蒸茄

牛奶茄嫩而大者，不去蒂，直切成六棱，每五十片用盐一两拌匀，下汤焯①，令变色，沥干。用薄荷、茴香末夹在内，砂糖三斤、醋半钟②，浸三宿，晒干，还卤，直至卤尽茄干，压匾收藏之。

【译】牛奶茄挑嫩而大的，不去蒂把儿，直刀切成六棱形，每五十片用一两盐拌匀，下入开水中焯水，使它变色，沥干。用薄荷、茴香末夹在里面，用三斤砂糖、半酒杯醋浸泡三天三夜，取出晒干，再浸泡（卤），直到卤（汁）尽茄干，压扁后收藏。

酿瓜

青瓜坚老而大者，切作两片，去瓤，略用盐出其水。生姜、陈皮、薄荷、紫苏俱切作丝，茴香、炒砂仁、砂糖拌匀入瓜内，用线扎定成个，入酱缸内。五六日取出，连瓜晒

① 焯（chāo）：把生料放在沸水里略微一煮就捞出来。
② 半钟：半酒杯。

干，收贮。切碎了晒。

【译】选青瓜硬、老而大的，切成两片，去除瓜瓤，略用盐腌出水。将生姜、陈皮、薄荷、紫苏都切成丝，同茴香、炒砂仁、砂糖拌匀后放入瓜内，用线扎成整个，放入酱缸内（腌渍）。五六天后取出，将瓜晒干，收藏。（瓜）要切碎了晒。

蒜瓜

秋间小黄瓜一斤，石灰、白矾①汤焯过，控干，盐半两腌一宿。又盐半两、剥大蒜瓣三两捣为泥，与瓜拌匀，倾入腌下水中。熬好酒醋浸着，凉处顿放。冬瓜、茄子同法。

【译】选一斤秋天的小黄瓜，用石灰、白矾（煮开的）水焯过，控干，再用半两盐腌一夜。再用半两盐和二三两剥好的大蒜瓣一并捣成泥，与瓜拌匀，倒进腌渍汤中。加入熬好的酒、醋浸泡，放置在阴凉处。冬瓜、茄子可用同样的方法。

三煮瓜

青瓜坚老者，切作两片，每一斤用盐半两、酱一两，紫

---

① 白矾：又称矾石、明矾，为矿物明矾石水溶后加热浓缩而成。入药有抗毒的作用。

苏、甘草少许，腌。伏时^①，连卤夜煮日晒，凡三次，煮后晒。至雨天，留甑上蒸之^②，晒干，收贮。

【译】选硬、老的青瓜，切成两片，每一斤青瓜用半两盐、一两酱及少许紫苏、甘草，腌渍青瓜。在三伏天的时候，连同卤汁要夜里煮白天晒，这样共三次，煮后再晒。到雨天的时候，用蒸笼将晒过的青瓜蒸透，再晒干，收藏。

蒜苗干

蒜苗切寸段，一斤盐一两，腌出臭水，略晾干，拌酱、糖少许，蒸熟，晒干，收藏。

【译】蒜苗切寸段，一斤蒜苗用一两盐，腌出水分和蒜臭气，稍稍晾干，拌入少许酱、糖，将其蒸熟，再晒干，收好储藏。

藏芥

芥菜肥者，不犯水，晒至六七分干，去叶。每斤盐四两，腌一宿，出水。每茎扎成小把，置小瓶中。倒沥，尽其

---

① 伏时：伏日，伏天。通常指夏至后第三个庚日起到立秋后第二个庚日前一天的一段时间。

② 留甑上蒸之：用蒸笼将晒过的青瓜蒸透。甑，蒸笼。

水，并煎腌出水，同煎^①，取清汁，待冷，入瓶，封固，夏月食。

【译】挑长得肥大的芥菜，不要沾水，晒到六七成干，去掉叶子。每斤芥菜用四两盐，腌一夜，使芥菜出水。将每一棵芥菜扎成一小把儿，放入小瓶中。出水了就倾倒沥出，把水控完，与前面腌出的水一同烧开，取澄清的汤汁，等其凉后，倒入瓶中，封闭严实，夏天时可以吃。

芥辣

二年陈芥子，碾细，水调，纳实碗内，韧纸封固。沸汤三、五次，泡出黄水，覆冷地上。倾后有气，入淡醋解^②开，布滤去渣。

【译】用两年的陈芥子，碾细，用水调和，放进碗内按实，用有韧性的纸封好。再用开水泡三至五次，泡出黄水，盖好，在地上放冷。一会儿就有气了，放入淡醋澥开芥子，用布滤去渣滓。

---

① 并煎腌出水，同煎：这里是说把原来腌出来的水，与从瓶内控出来的水放在一起烧开。

② 解：同"澥"。

酱佛手、香橼①、梨子

梨子带皮入酱缸内，久而不坏；香橼去瓤，酱皮；佛手全酱。新桔皮、石花②、面筋，皆可酱食，其味更佳。

【译】梨子要带皮放进酱缸内，久放而不坏；香橼要去掉内瓤，只酱果皮；佛手要整个酱。新橘子皮、石花菜、面筋都可以酱食，味道很好。

糟茄子法

"五茄六糟盐十七，更加河水甜如蜜。"茄子五斤、糟六斤、盐十七两、河水两三碗，拌糟，其茄味自甜。此藏茄法也，非暴用者③。

【译】"五茄六糟盐十七，更加河水甜如蜜。"五斤茄子、六斤糟、十七两盐、两三碗河水，拌匀糟制，茄子的味道甜美。这种藏茄法，不是马上就吃的。

---

① 香橼（yuán）：常绿小乔木或大灌木，有短刺。叶子卵圆形，总状花序，花瓣里面白色，外面淡紫色。果实长圆形，黄色，果皮粗而厚，供观赏。果皮中医入药。亦指这种植物的果实。

② 石花：石花菜，又称琼枝、草珊瑚、胶麒麟菜。为红翎菜科藻类植物琼枝的藻体。

③ 非暴用者：不是马上就吃的。

糟萝卜方

萝卜一斤、盐三两。以萝卜不要见水，揩净，带须半根晒干。糟与盐拌过，次入萝卜，又拌过，入瓮。此方非暴吃者。

【译】一斤萝卜、三两盐，萝卜不要沾水，擦干净，带须半根晒干。将糟与盐拌过，过一会儿放入萝卜，再拌一下，放入坛中。此方不是马上就吃的。

糟姜方

姜一斤、糟一斤、盐五两，拣社日^①前可糟。不要见水，不可损了姜皮。用干布擦去泥，晒半干后，糟、盐拌之，入瓮。

【译】一斤姜、一斤糟、五两盐，在秋社日前挖的姜可以糟。姜不要沾水，也不要把姜皮弄破。用干布擦去泥，晒半干后，同糟、盐拌匀，装入坛中。

---

① 社日：古时春、秋两次祭祀土神的日子，一般在立春、立秋后的第五个戊日。立春后五戊为春社，立秋后五戊为秋社。这里指秋社前挖掘鲜姜的时候。

做蒜苗方

苗用些少盐腌一宿，晾干。汤焯过，又晾干。以甘草汤①拌过，上甑蒸之，晒干，入瓮。

【译】蒜苗用少许盐腌一夜，晾干。用开水焯过，再晾干。用甘草煮的水拌过后，上锅蒸熟，晒干，装入坛中。

三和菜

淡醋一分、酒一分、水一分，盐、甘草调和其味得所②，煎滚。下菜苗丝、桔皮丝各少许，白芷一二小片，掺③菜上，重汤炖，勿令开至熟，食之。

【译】用淡醋一份、酒一份、水一份，加入盐、甘草将口味调和适当，煮开。下入菜苗丝、橘皮丝各少许及一两小片白芷，铺在菜上，隔水炖制，一直到熟都不要打开锅盖，熟后就可以吃了。

---

① 甘草汤：用甘草煮的水。

② 得所：适当、适合。

③ 掺：一本作"糁"。

暴齑①

菘菜嫩茎，汤焯半熟，扭干，切作碎段，少加油，略炒过。入器内，加醋些少，停少顷食之。

取红细胡萝卜切片，同切芥菜，入醋略腌片时，食之甚脆。仍用盐些少，大小茴香、姜、桔皮丝同醋共拌，腌食。

【译】选用菘菜的嫩茎，用开水焯到半熟，挤干水分，切成碎段，少加些油，略微炒过。放入容器内，加少许醋，停一小会儿就可以吃了。

取红细胡萝卜切片，同时切些芥菜，加入醋略腌片刻，吃起来非常脆。也可以用少许盐及大茴香、小茴香、姜、橘皮丝与醋一同拌匀，腌入味就可以吃了。

胡萝卜鲊

切作片子，滚汤略焯，控干。入少许葱花、大小茴香、姜、桔丝、花椒末、红曲，研烂同盐拌匀，罨②一时食之。

又方：白萝卜、茭白生切，笋煮熟，三物俱同此法作鲊，可供食。

【译】胡萝卜切成片，在开水中略焯，控干。放入少许

中华烹饪古籍经典藏书

---

① 暴齑：用姜、蒜等作调料腌制的菜蔬，在很短的时间内即可食用。又称"暴腌"。

② 罨：这里是覆盖的意思。

葱花、大茴香、小茴香、姜、橘丝、花椒末、红曲，一同捣烂后与盐拌匀，盖在胡萝卜片上两个小时后就可以吃了。

另一种方法：将白萝卜、茭白生切，将笋煮熟，三种食材按前面方法做鲊，做好就可以吃了。

蒜菜①

用嫩白蒜菜，切寸段，每十斤用炒盐四两，每斤醋一碗、水二碗，浸菜于瓮内。

【译】用嫩白蒜菜，切成寸段，每十斤蒜菜用四两炒盐，每斤蒜菜用一碗醋、两碗水，浸泡蒜菜在坛子内。

淡茄干方

用大茄洗净，锅内煮过，不要见水，掰开，用石压干。趁日色晴，先把瓦晒热，摊茄子于瓦上，以干为度，藏至正二月内，和物匀②，食其味如新茄之味。

【译】把大茄子洗净，在锅内煮过，之后不要沾水，掰开，用石头压干水分。趁阳光充足，先把瓦晒热，再把茄子摊在瓦上，以茄子晒干为准，储藏到一二月的时候，用调料

---

① 蒜菜：不知何物。待考。

② 和物匀：用调料拌匀。

拌匀，吃起来味道与新的茄子味道一样。

盘酱瓜茄法

黄子一斤、瓜一斤、盐四两。将瓜擦原腌瓜水[①]，拌匀酱黄，每日盘[②]二次，七七四十九日入坛。

【译】一斤黄子、一斤瓜、四两盐。用原来的腌瓜水将瓜擦过，用酱黄拌匀，每日翻两次，四十九天后装坛封存。

干闭瓮菜

菜十斤、炒盐四十两，用缸腌菜，一皮菜，一皮盐[③]，腌三日，取起。菜入盆内，揉一次，将另过一缸[④]，盐卤收起听用。又过三日，又将菜取起，又揉一次，将菜另过一缸，留盐汁听用。如此九遍完，入瓮内，一层菜上洒[⑤]花椒、小茴香一层，又装菜如此，紧紧实实装好。将前留起菜卤，每坛浇三碗，泥起[⑥]，过年可吃。

---

① 擦原腌瓜水：先用盐腌出水，并用这种水擦腌过的瓜、茄，然后酱制。

② 盘：翻；倒缸。或作"盘揉"解。

③ 一皮菜，一皮盐：一层菜，一层盐。

④ 另过一缸：放在另一个缸内。

⑤ 洒：同"撒"。

⑥ 泥起：将缸口封上泥。

【译】十斤菜、四十两炒盐，用缸腌菜，一层菜，一层盐，腌制三天，取出菜放入盆内，揉一次，将菜另放一缸，把盐卤收起备用。又过三日，将菜取出，揉一次，将菜再另放一缸，留盐汁备用。如此做九遍之后，放入坛子内，一层菜上撒一层花椒、小茴香，这样把菜紧紧实实地装好。将前面留下的菜卤，每坛浇上三碗，用泥将缸口封起来，过年的时候就可以吃了。

撒拌和菜

将麻油入花椒，先时熬一二滚，收起。临用时，将油^①倒一碗，入酱油、醋、白糖些少，调和得法，安起^②。凡物用油拌的，即倒上些少，拌吃绝妙。如拌白菜、豆芽、水芹，须将菜入滚水焯熟，入清水漂着。临用时榨干，拌油方吃，菜色青翠、不黑，又脆，可口。

【译】将麻油中放入花椒，先熬一两开，收起来。临用的时候，将油倒一碗，加入少许酱油、醋、白糖，调和好口味，收起放好。凡需要用此油拌的菜，即可倒上一些，拌吃味道特好。如拌白菜、豆芽、水芹，须将菜放入开水中焯熟，再用清水漂过。临用时榨干水分，用调和好的油拌匀再

① 油：这里指炸好的花椒油。
② 安起：放好。

吃。菜的颜色青翠且不黑，既脆又可口。

蒸干菜

将大棵好菜择洗净干，入沸汤内，焯五六分熟，晒干，用盐、酱、莳萝、花椒、砂糖、桔皮同煮，极熟；又晒干，并蒸片时，以磁器收贮。用时，着香冲揉①，微用醋，饭上蒸食。

【译】先将大棵好菜择洗干净，入开水内焯五六成熟，晒干，用盐、酱、莳萝、花椒、砂糖、橘皮一同煮，煮到熟透；再取出晒干，一并蒸一会儿，用瓷器收藏。用时加些香料搓揉，加少许醋，放在饭上一同蒸着吃。

鹌鹑茄

拣嫩茄切作细缕②，沸汤焯过，控干。用盐、酱、花椒、莳萝、茴香、甘草、陈皮、杏仁、红豆（研细末）拌匀，晒干，蒸过收之。用时，以滚汤泡软，蘸香油炸之。

【译】挑选嫩茄切成细条，用开水焯过，控干水分。把盐、酱、花椒、莳萝、茴香、甘草、陈皮、杏仁、红豆（都

① 着香冲揉：把香料放在菜上，用力搓揉，使香味深入菜内。
② 细缕：细条。

要研成细末），拌匀，蒸后晒干，收起储藏。用的时候，用开水泡软，蘸香油炸制。

食香①瓜茄

不拘多少，切作棋子，每斤用盐八钱，食香同瓜拌匀，于缸内腌一二日取出，控干。日晒，晚复入卤水内；次日，又取出晒，凡经三次，勿令太干，装入坛内听用。

【译】不管多少瓜，均切成棋子大小的块，每斤瓜用八钱盐，各种香料同瓜拌匀，放在缸里腌一两天后取出，控干水分。白天在太阳下晒，晚上再放入卤水内；第二天，将瓜取出再晒，这样晒三次，不要将瓜晒得太干，装在坛里备用。

糟瓜茄

瓜茄等物，每五斤盐十两，和糟拌匀。用铜钱五十文逐层铺上，经十日取钱（不用②），另换糟入瓶，收久，翠色如新。

【译】瓜、茄等物，每五斤瓜、茄加入十两盐，再与糟拌匀。用铜钱五十文逐层铺上，过十天以后取出钱（不再

---

① 食香：混合在一起的各种香料，又称"十香"。如今五香粉之类的调味料。

② 不用：不能食用或不再用的意思。

用），另换糟后放入瓶中，收贮很久，瓜、茄的颜色仍像新鲜的一样。

茭白鲊

鲜茭切作片子，焯过，控干，以细葱丝、莳萝、茴香、花椒、红曲研烂，并盐拌匀，同腌一时食。藕梢鲊^①，同此造法。

【译】鲜茭白切作片，开水焯过，控干水分，用细葱丝、莳萝、茴香、花椒、红曲研碎后，与盐拌匀，同腌一会儿后食用。藕梢鲊做法与此法一样。

糖醋茄^②

取新、嫩茄切三角块，沸汤漉过，布包榨干，盐腌一宿，晒干。用姜丝、紫苏拌匀，煎滚糖醋泼，浸，收入磁器内。瓜同此法。

【译】取新鲜的嫩茄切成三角块，开水焯过并捞出，用布包榨干水分，用盐腌一夜，晒干。用姜丝、紫苏拌匀，煮

① 藕梢鲊：元《居家必用事类全集》："造藕梢鲊：用生者寸截，沸汤焯过，盐腌去水，葱油少许，姜桔丝、莳萝、茴香、粳米饭、红曲细拌匀，荷叶包，隔宿食。"《多能鄙事》中也有记载。

② 糖醋茄：元《居家必用事类全集》中称作"食香茄儿"。

开糖醋汁泼在茄干上，去浸泡，并收入瓷器内。（糖醋）瓜的做法与此法一样。

蒜冬瓜

拣大者，去皮、瓤，切如一指阔①，以白矾、石灰煎汤焯过，漉出，控干。每斤用盐二两、蒜瓣三两，捣碎，同冬瓜装入瓷器，添以熬过好醋浸之。

【译】挑选大冬瓜，去掉皮、瓤，切成一指宽的条，在白矾、石灰熬的汤里焯过，滤出，控干水分。每斤冬瓜用二两盐、三两蒜瓣，捣碎，与冬瓜一并装入瓷器中，加入熬过的好醋，浸泡即可。

腌盐韭法

霜前，拣肥韭无黄梢者，择净，洗，控干。于瓷盆内铺韭一层、糁盐一层，候盐韭匀，铺尽为度。腌一二宿，翻数次，装入瓷器内。用原卤加香油少许，尤妙。

【译】下霜前，挑选没有黄梢的好韭菜，择好，洗净，控干水分。在瓷盆内铺韭菜一层、糁盐一层，等盐、韭菜均匀放好，直至铺完。腌一两夜，翻倒数次，装入瓷器内。用

———————————————

① 一指阔：一指宽。

腌韭菜的原卤加少许香油，味道特别好。

造穀菜法

用春不老菜台^①，去叶，洗净，切碎，如钱眼子大，晒干水气，勿令太干。以姜丝炒黄豆大^②，每菜一斤用盐一两，入食香，相停揉回卤性，装入罐内，候熟随用。

【译】用春天不老的菜薹，去掉叶子，洗干净，切碎，切成像铜钱眼儿一样大，晒干水汽，但不要晒得太干了。用姜丝炒制菜薹丁（黄豆大小），每一斤菜薹用盐一两，加入香料，放置一会儿后揉回卤性，装入罐内，等熟后随时可以食用。

黄芽菜

将白菜割去梗叶，只留菜心，离地二寸许，以粪土壅^③平，用大缸覆之。缸外以土密壅，勿令透气，半月后取食，其味最佳。

【译】将白菜割去梗、叶，只留菜心，离地约两寸，

---

① 菜台：为十字花科植物油菜的嫩茎。《本草纲目》载："冬春菜台心为茹，三月则老不可食。"台，同"薹"。

② 以姜丝炒黄豆大：何意不详。疑指把菜薹切成黄豆大小的丁，用姜丝炒食。

③ 壅（yōng）：用土或肥料培在植物的根部。

用以粪土培平，用大缸覆盖。缸外用土培严实，不要让它透气，半个月后取出来食用，味道最好。

倒齑菜^①

用菜一百斤，用盐五十两，腌了入坛，装实，用盐滷^②调毛灰^③如干面糊口上，摊过封好，不必草塞。用芥菜，不要落水，晾干。软了，用滚汤一焯，就起笊篱捞在筛子内，晾冷，将焯菜汤晾冷，将筛子内菜用松盐^④些少^⑤撒拌，入瓶后，加晾冷菜滷浇上，包好，安顿冷地上。

【译】用一百斤芥菜，五十两盐，腌好放入坛中，装瓷实，用盐卤调和生石灰像干面一样糊在坛口上，要摊匀封好，不必用稻草塞。用芥菜，不要沾水，晾干。软了，用开水焯一下，就用笊篱将芥菜捞在筛子内，晾凉，并将焯菜汤晾凉，将筛子内的芥菜撒入少许碎盐拌匀，装入瓶后，用晾凉的菜卤浇上，包好，放置在凉的地上。

---

① 倒齑（dào）菜：冬芥菜。

② 滷（lǔ）：同"卤"。

③ 毛灰：指生石灰。

④ 松盐：碎盐。

⑤ 些少：少许。

笋鲊

春间取嫩笋，剥净，去老头^①。切作四分大、一寸长块，上笼蒸熟，以布包裹，榨作极干，投于器中。下油用^②。制造与麸鲊同。

【译】春季里取嫩笋，剥净，去掉不能食用的老硬部分。切成四分长、一寸宽的块，上笼蒸熟，用布包裹，将笋榨到非常干，放进容器中。用油拌过即可食用。做法与麸鲊相同。

晒淡笋干

鲜笋猫耳头^③，不拘多少，去皮，切片条，沸汤焯过，晒干，收贮。用时，米泔水浸软，色白如银。盐汤焯，即腌笋矣。

【译】鲜笋猫耳头，不管多少，去皮，切成片条，用开水焯过，晒干，收贮。用的时候，用米泔水泡软，色白如银。用盐汤焯一下，就是腌笋了。

---

① 老头：指不能食用的老硬部分。

② 下油用：这里是说用油拌过即可食用。

③ 猫耳头：笋中较嫩者，大小如猫耳朵。苏轼有《谢惠猫儿头笋》诗，查慎行注："湖南有大竹，世号猫头。"或即指此种竹笋。

酒豆豉①方

黄子②一斗五升筛去面，令净。茄五斤、瓜十二斤、姜觔③十四两、桔丝随放、小茴香一升、炒盐四斤六两、青椒一斤，一处拌入瓮中，捺实。倾金花酒④或酒娘腌过各物。两寸许纸箬扎缚，泥封，露⑤四十九日。坛上写"东""西"记号，轮晒，日满倾大盆内，晒干为度，以黄草布罩盖。

【译】将一斗五升黄豆筛去面，使其干净。五斤茄、十二斤瓜、十四两姜、橘丝（随意加）、一斤小茴香、四斤六两炒盐、一斤青椒，一并拌好装入坛中，按瓷实。倒上金华酒或酒母，让它淹没过各种食材。用两寸厚的纸箬扎捆坛口涂泥封闭，再在露天放四十九天。坛上写"东""西"记号，轮流晒，晒的天数够了倒到大缸里，以晒干为好，再用黄草帘子罩上。

---

① 豉：豆豉，一种用豆子发酵制成的食品。

② 黄子：豆饼经过发酵，表面生成黄绿色曲菌孢子者叫黄，用作豉、酱发酵物。

③ 姜觔（jīn）：姜。觔，同"筋"。

④ 金花酒：金华酒。

⑤ 露：露天存放。

水豆豉法

好黄子十斤、好盐四十两、金华甜酒十碗，先日^①用滚汤二十碗充调盐作潞^②，留冷淀清听用。将黄子下缸，入酒、入盐水，晒四十九日，完。方下大小茴香各一两、草果五钱、官桂五钱、木香三钱、陈皮丝一两、花椒一两、干姜丝半斤、杏仁一斤，各料和入缸内，又晒又打二日^③，将坛装起。隔年吃方好，蘸肉吃更妙。

【译】十斤好豆子、四十两好盐、十碗金华甜酒，在这之前用二十碗开水把盐调作卤，凉后澄清杂质备用。将黄豆下缸，入酒入盐水，晒四十九天，结束。再下大小茴香各一两、五钱草果、五钱官桂、三钱木香、一两陈皮丝、一两花椒、半斤干姜丝、一斤杏仁，把各种料一并和入坛内，再晒两天，将坛装起。隔年吃才好，蘸肉吃更好。

红盐豆

先将盐霜梅^④一个安在锅底下，淘净大粒青豆盖梅。

---

① 先日：在这之前。

② 潞（lǔ）：同"卤"。

③ 又晒又打二日：再晒两天。

④ 盐霜梅：《本草纲目》记载："取火青梅以盐汁渍之。日晒夜渍，十日成矣。久乃上霜。"

又将豆中作一窝，下盐在内。用苏木①煎水（入白矾些少），沿锅四边浇下，平豆为度②，用火烧干。豆熟，盐又不泛而红。

【译】先将一个盐霜梅放在锅底上，用淘净的大粒青豆盖住梅。再在豆中做一个窝，把盐下在窝里。用苏木煎水（少放些白矾），沿着锅的四边浇下，与豆相平就合适了，用火烧干。豆熟，盐色不泛而豆色红艳。

蒜梅

青、硬梅子二斤、大蒜一斤（或囊剥净）、炒盐三两，酌量水煎汤，停冷浸之。候五十日后，卤水将变色倾出，再煎其水，停冷浸之入瓶。至七月后食，梅无酸味、蒜无荤气③也。

【译】两斤又青又硬的梅子、一斤大蒜（剥皮洗净）、三两炒盐，酌量加水煮汤，放凉后浸泡。等五至十天后，卤水变色后倒出，再把卤水烧开，等其凉后重新倒进瓶里。等到七月后食用，梅就没有酸味、蒜也没有臭气了。

---

① 苏木：豆科木本植物，其心材质脆，投入热水中，水呈桃红色，加醋，变黄色，再加碱，又变为红色。这里作染色剂用。

② 平豆为度：与豆相平为准。

③ 蒜无荤气：蒜没有臭气。

甜食

炒面方

白面要重罗三次，将入大锅内，以木爬^①炒得大熟，上桌，古辂槌^②碾细，再罗一次，方好做甜食。凡用酥油，须要新鲜，如陈了，不堪用矣。

【译】白面要反复罗三次，放到大锅内，用木笆炒得熟透，上桌，用走槌碾细，再罗一次，才能做甜食。如果用酥油，一定要用新鲜的，酥油陈了，就不能用了。

面和油法

不拘斤两，用小锅，糖卤用二杓^③。随意多少酥油下小锅煎过，细布滤净，用生面随手下，不稀不稠，用小爬儿炒至面熟方好。先将糖卤熬得有丝，棍蘸起视之，可斟酌倾入

---

① 木爬：炒面时的翻拨工具。爬，同"笆"。

② 古辂槌：又称走槌、骨卢槌，擀东西的工具。木质棒形，中心有孔，孔内穿一木轴，手握轴可前后走动。

③ 杓（sháo）：同"勺"。

油面锅内，打匀掇^①起锅，乘^②热拨在案上，擀开，切象眼块。

【译】面不论数量多少，用小锅，加入两勺糖卤。随意多少酥油，下小锅煎过，用细布滤净，随手下生面，要不稀不稠，用小笓儿炒至面熟就好。先将糖卤熬得有丝，用棍蘸起看看，糖丝可以后斟酌数量倒入油面锅内，打匀后端起锅，趁热拨在案板上，擀开，切成象眼块。

雪花酥

油下小锅，化开滤过，将炒面随手下，搅匀，不稀不稠，掇离火^③，洒白糖末，下在炒面内，搅匀，和成一处，上案捍^④开，切象眼块。

【译】油下到小锅里，化开滤过，将炒面随手下入并搅匀，不稀不稠，端锅离火，撒白糖末在炒面内，搅匀，调和在一起，上案擀开，切成象眼块。

---

① 掇（duō）：双手拿，用手端。

② 乘：通"趁"。

③ 掇离火：《饮馔服食笺》作"掇锅离火"。

④ 捍：通"擀"。

洒孛你方

用熬蘑菇料熬成，不用核桃，舀上案摊开，用江米末围定，铜圈印之，即是洒孛你。切象牙者，即名白糖块。

【译】用熬蘑菇料熬成，不用核桃，盛到案上摊开，用江米末围住，用铜圈当模定型，就是洒孛你。切成象牙块的，就叫白糖块。

酥饼方

油酥①四两、蜜一两、白面一斤，搜②成剂，入印作饼，上炉。或用猪油亦可，蜜用二两尤好。

【译】四两酥油、一两蜜、一斤白面，揉成面剂，用印模做成饼，上炉烤。或者用猪油也可以，用二两蜜更好。

油馂③儿方

面搜剂，包馅，作馂儿，油煎熟。馅同肉饼法。

【译】面揉成面剂，包入馅做成饼儿，用油煎熟。饼馅与肉饼的馅做法一样。

---

① 油酥：似应作"酥油"。

② 搜：和面揉制。

③ 馂（jiá）：饼。

酥儿印方

用生面搀豆粉^①同和，用手捍成条，如箸头大，切二分长，逐个用小梳拓印齿花，收起。用酥油锅内炸熟，漏杓捞起来，热洒白砂糖细末，拌之。

【译】用生面粉掺豆粉一同和面，用手搓成像筷子头一样粗的条，切成两分长，逐个用小梳拓印花纹，收起。放进酥油锅内炸熟，用漏勺捞起来，趁热撒白砂糖，拌匀。

五香糕方

上白糯米和粳米二六分，芡实干一分，人参、白术、茯苓、砂仁总一分，磨极细，筛过，用白沙糖^②滚汤拌匀，上甑。

【译】上好的白糯米两份，粳米六份，芡实干一份，人参、白术、茯苓、砂仁总共一份，要磨得非常细，筛过，加白砂糖在开水中拌匀，上锅蒸熟。

---

① 豆粉：这里指绿豆粉芡。

② 白沙糖：白砂糖。

煮沙团方

沙糖入赤豆或绿豆，煮成一团，外以生糯米粉裹作大团蒸，或滚汤内煮亦可。

【译】砂糖放入红豆或绿豆里，煮成一团，外边用生糯米粉包成大的圆团，蒸制或在开水里煮都可以。

粽子法

用糯米淘净，夹枣、栗、柿干、银杏、赤豆，以茭叶①或箬叶裹之。一法，以艾叶浸米裹，谓之"艾香粽子"。

【译】把糯米淘净，夹入枣、栗、柿干、银杏、赤豆，用茭笋叶或竹叶包裹起来。还有一法，用艾叶包裹浸泡过的米，称为"艾香粽子"。

玉灌肺②方

真粉、油饼、芝麻、松子、胡桃、茴香六味，拌和成卷，入甑蒸熟，切作块子供食，美甚。不用油入各物，粉或

① 茭叶：茭笋的叶子。

② 玉灌肺：南宋林洪撰《山家清供》中也有记载，制作方法略有不同。

面同拌蒸，亦妙。

【译】真粉、油饼、芝麻、松子、胡桃、茴香六味，拌和在一起做成卷，上锅蒸熟，切成块子来吃，美极了！或者不用把油加入这些食材中，只用芡粉或面一起拌后蒸制，也很好。

馄饨方

白面一斤、盐三钱，和如落索面[①]。更频入水，搜和为饼剂，少顷，操百遍，捎[②]为小块。捍开，绿豆粉为粰[③]，四边要薄，入馅，其皮坚。

【译】一斤白面、三钱盐，和得像落索面一样。频繁加水，揉和成饼剂，停一小会儿，反复揉，揪成小块。擀开，用绿豆粉为粰面，四边要薄，放入馅料，它的皮要结实。

水滑面方

用十分白面揉、搜成剂，一斤作十数块。放在水内，候其面性发得十分满足，逐块抽拽，下汤煮熟。抽拽得阔、薄

① 如落索面：将面用水拌匀，形成互不粘连的面穗。

② 捎：《古今图书集成》卷二九八作“摘”。

③ 粰：制作面食时，为防止粘连，薄撒的粉。

乃好。麻腻^①、杏仁腻、咸笋干、酱瓜、糟茄、姜、腌韭、黄瓜丝作齑^②头（或加煎肉，尤妙）。

【译】用非常白的面粉揉成面剂，一斤面做成十几块。放在水里，等那面性发得十分满时，逐块揪拽，下到开水里煮熟。要揪拽得又宽又薄才好。用芝麻酱、杏仁酱、咸笋干、酱瓜、糟茄、姜、腌韭、黄瓜丝作为调味拌料（或者加些煎肉，更好）。

糖薄脆法

白糖一斤四两、清油一斤四两、水二碗、白面五斤，加酥油、椒盐、水少许，搜和成剂。捍薄，如酒盅口大，上用去皮芝麻撒匀，入炉烧熟，食之香脆。

【译】一斤四两白糖、一斤四两清油、两碗水、白面五斤，加入少许酥油、椒盐、水，揉和成面剂。擀薄，像酒盅口那么大，上面均匀地撒上芝麻，入炉烤熟，吃起来又香又脆。

---

① 麻腻：芝麻酱。

② 齑（jī）：古同"齑"。

糖榧方

白面入酵，待发，滚汤搜成剂，切作榧子^①样。下十分滚油炸过取出。糖面内缠之，其缠糖与面对和成剂。

【译】白面加入酵母发好，用开水和面揉成面剂，切成榧子的形状，下入十成油温的锅里炸好取出。糖与白面搅拌和面，用糖和面各一半和成面剂。

---

① 榧（fěi）子：又称香榧、赤果、玉山果、玉榧、野极子等，是一种红豆杉科植物的种子。其果实外有坚硬的果皮包裹，大小如枣，核如橄榄，两头尖，呈椭圆形。果仁可以吃，又可以榨油。

本心斋疏食谱

〔宋〕陈达叟　撰

吴国栋

姚振节　注释

刘　晨

刘　晨

刘义春　译文

夏金龙

本心翁①斋②居宴③坐，玩④先天易⑤，对博山炉⑥，纸帐⑦梅花，石鼎⑧茶叶，自奉泊如⑨也。客从方外来，竟日清言，各有饥色，呼山童供蔬馔，客尝之，谓无人间烟火气⑩。问食谱，予口授二十品，每品赞十六字，与味道腴⑪者共之。

【译】我常在书房里起居闲坐，玩味《易经》，欣赏博山炉，床上围着画有梅花的纸帐，用石鼎烹茶，自己的饮食也很清淡。客人从外地来到这里，整天和我清谈玄学；他脸上流露出饥饿的神色时，我叫书童端上素的饭菜。客人品尝后说：没有尘俗气味。问我食谱。我讲了二十品，每品有赞语十六个字。这可以和常吃人间肥腻的人共同享受它。

---

① 本心翁：本心斋主人的自称。

② 斋：书房学舍。

③ 宴：安逸，安闲。

④ 玩：玩味，研究。

⑤ 先天易：古代讲《易经》的人以传说中伏羲氏所作之《易》为"先天易"。

⑥ 博山炉：焚香用的器具。炉盖雕镂成山形，上有羽人、走兽等形象。多用青铜制，也有陶或瓷制的，盛行于汉及魏晋时代。

⑦ 纸帐：纸作的帐子。稀布为顶，帐上常画梅花、蝴蝶等为饰，唐宋时期的产物。朱敦儒的《樵歌》中有"纸帐梅花醉梦间"的诗句。

⑧ 石鼎：石制的烹器。

⑨ 自奉泊如：自己吃粗茶淡饭，过着淡泊的生活。泊如，像浅水那样莹明。

⑩ 无人间烟火气：没有世俗菜馔的气味。

⑪ 腴（yú）：肥美。

啜菽①

菽，豆也。今豆腐条切淡煮，蘸以五味。

礼不云乎②，啜菽饮水③。素以绚兮④，浏其清矣⑤。

【译】菽，豆。今豆腐切条略煮，蘸调料吃。

《礼记》中不是说过吗？"吃豆羹，喝清水。"白白净净，清清爽爽。

羹菜⑥

凡畦⑦蔬根、叶、花、实皆可羹也。

---

① 啜（chuò）菽（shū）：吃豆腐。啜，吃，饮。菽，在《礼记》中指豆类，在这里指豆腐。

② 礼不云乎：《礼记》中不是说过吗？礼，《礼记》。

③ 啜菽饮水：吃豆羹，喝清水，形容生活清苦。《荀子·天论》："君子啜菽饮水，非愚也，是节然也。"

④ 素以绚兮：语出《论语·八佾》。素，白色。绚，颜色漂亮。这里可能是指白色和其他颜色相衬更好看。

⑤ 浏其清矣：语出《诗经·郑风·溱洧（wěi）》。浏，水深而清澈的样子。

⑥ 羹菜：用菜蔬调制成有液汁的菜。

⑦ 畦（qí）：这里指田园。

先圣①齐如②，菜羹瓜祭③，移以奉宾④，乃敬之至。

【译】凡是在田园里生长的蔬菜的根、叶、花、实都可以做羹菜。

古代圣人都是非常严肃的，用菜羹瓜果祭祀祖先，现在拿来招待客人，这是最尊敬客人的了。

粉餈⑤

粉米蒸成，加糖曰"饴"。

天官笾人⑥，糗⑦饵⑧粉餈。未见君子，惄如调饥⑨。

【译】用粉米蒸制而成，加糖称为"饴"。

笾人献上美味的米团、糍糕，没有看见君子，脸上显露出饥饿的神色。

———————

① 先圣：过去的圣人。

② 齐如：斋如，恭敬、严肃的样子。

③ 瓜祭：用瓜祭祀祖先。

④ 移以奉宾：把菜羹瓜祭拿过来招待宾客。

⑤ 粉餈（cí）：用米粉做成的米团、糍糕。

⑥ 天官笾（biān）人：《周礼·天官冢宰下·笾人》中有"羞笾之实，糗饵粉餈"一语。笾人，古时宫廷中天官属下掌管将食品盛入食具的人。

⑦ 糗（qiǔ）：干粮。

⑧ 饵：糕饼。

⑨ 未见君子，惄（nì）如调饥：语出《诗经·周南·汝坟》。惄，忧思。调饥，早晨肚子饿，表示渴慕的心情。

荐韭①

青春荐韭，一名"钟乳草"。

四之日蚤②，豳风祭韭③，我思古人如兰其臭④。

【译】初春的韭菜，也叫"钟乳草"。

农历二月初的早晨，豳地的风俗是用韭菜来祭祀祖先。
我想古人大概是认为韭菜有像兰草的香味。

贻来

来，小麦也，今水引⑤蝴蝶面。

贻我来思⑥，玉屑尘细；六出⑦飞花，天一生水⑧。

---

① 荐韭：初春的韭菜。《周礼·笾人》："荐羞之事，未食未饮曰'荐'，既食、既饮曰'羞'。"

② 四之日蚤（zǎo）：农历二月初的大清早。蚤，通"早"。

③ 豳（bīn）风祭韭：豳地的风俗习惯是用嫩韭菜祭祀祖宗。豳，古地名，在今陕西旬邑西南。

④ 如兰其臭（xiù）：其气味如同兰花一样香。兰，兰草。臭，通于鼻者谓之"臭"。《易系辞》："其臭如兰。"

⑤ 水引：面条。

⑥ 贻我来思：语出《诗经·小雅·采薇》。贻，赠送。来，古时把小麦叫作"来"。思，句末语气词。

⑦ 六出：雪花的代称。雪花结晶有六角，故称"六出"。

⑧ 天一生水：按古代阴阳五行之说，天一，地二；天为阳，地为阴；阳生阴，水属阴，所以说天一生水。这里或以"六出""天一"比喻水煮面中面如玉屑、水自天降。

【译】来，就是小麦，现在做成蝴蝶面条。

别人赠送我的麦粉，像玉屑一样细；白如雪花自天而降，合成水煮面。

玉延

山药也，炊熟，片切，渍以生蜜。

山有灵药[①]，录于仙方[②]。削数片玉，渍百花香[③]。

【译】玉延就是山药，蒸熟，切片，用蜂蜜浸泡后再吃。

山上有一种灵验的药，灵验的药方里记载了它。将山药去皮切成一片一片白玉似的，在有百花香味的蜂蜜里浸泡后再吃。

琼珠 [④]

圆眼干荔也，擘[⑤]开取实，煮以清泉。

---

① 山有灵药：山上有一种灵验的药。指山药。

② 录于仙方：灵验的药方里记载了它。如《神农本草经》载："薯豫……久服耳目聪明，轻身不饥，延年。"

③ 渍百花香：百花香，指蜂蜜；因采百花酿成，故用百花香代蜜。渍，浸；泡。

④ 琼珠：这里指荔枝或龙眼。

⑤ 擘（bāi）：同"掰"。

汲金井①水，煮琼珠羹，蚌胎的皪②，龙目晶荧③。

【译】龙眼或荔枝，掰开壳取果肉，用清泉煮。

从井里提取清水，用它来煮出美玉珍珠般的羹。龙眼像珍珠似的又圆又亮，荔肉晶莹透明。

玉砖

炊饼方切，椒、盐糁之。

截彼园璧，琢④成方砖，有馨⑤斯椒，薄洒以盐。

【译】炊饼切成方块，撒上花椒、盐吃。

把那个圆如玉璧的炊饼，精心切成像方砖似的小块，在上面撒上芬芳的花椒，再撒少许盐。

银齑⑥

黄齑白水，椒、姜和之。

---

① 金井：井的美称，井栏雕饰美者。杜甫诗："砚寒金井水，檐动玉壶冰。"

② 蚌胎的皪（lì）：形容龙眼圆而有光泽。蚌胎，即珍珠；因珍珠生成在蚌体内，故名。这里指龙眼。的皪，光亮鲜明的样子。

③ 晶荧：光洁透明的样子。

④ 琢：原指雕刻玉石，这里指精心细切。

⑤ 馨（xīn）：散布很远的香气。泛指芳香。

⑥ 银齑：泡菜。

冷冷①水白，剪剪银黄②，菹盐风味③，牙齿宫商④。

【译】黄色的泡菜、白色水，用花椒、姜调和。

把经过挑选择洗和切好的原料，泡在洁净的清水里，再加上一些经过细切的配料。这菜泡好后鲜香可口、味道别致，吃起来清脆利口、有响声。

水团⑤

秫粉包糖，香汤渜⑥之。

团团秫粉⑦，点点⑧蔗霜⑨，浴以沉水⑩，清甘且香。

【译】黍黄米或糯米粉包糖，用开水煮熟吃。

① 冷（líng）冷：形容山泉水质洁净。

② 剪剪银黄：经过挑选、择洗加工准备入缸的鲜嫩蔬菜，其色银白间嫩黄。剪剪，整齐的样子。

③ 菹盐风味：具有酱菜、腌菜的鲜香，风味别致。

④ 牙齿宫商：指此菜吃起来清脆、有响声。宫商，指古代五音中的宫、商。

⑤ 水团：元宵，或叫汤元。因为元宵形状是圆的，加之以清水浴煮，所以叫"水团"。

⑥ 渜（tūn）：同"吞"。

⑦ 秫（shú）粉：用黏性谷物加工而成的粉面叫"秫粉"，如黍黄米等均属，糯米粉最好。

⑧ 点点：凡物小而多不能用数字表示者，谓之"点点"。庾信《晚秋诗》："可怜数行雁，点点远空排。"

⑨ 蔗霜：用甘蔗作原料，做成的白糖，名曰"蔗霜"。

⑩ 沉水：沉水香的简称，又称沉香。这里指把圆子放到沉水香汤中煮熟。这是夸张之词。

黍黄米或糯米粉里面包着少量甘蔗做的白糖，成形后圆圆的，把它下到沉香水里煮，熟后就漂浮起来，吃的感觉又甜又香。

玉版 ①

笋也，可羹可菹。

春风抽箨②，冬雪挑鞭③。淇奥④公族⑤，孤竹君孙⑥。

【译】玉版就是笋，可以做羹也可以腌菜。

春风催促竹笋抽芽生长，冬天落雪可以挖掘鞭笋。淇水边笋产旺盛，萐山下，竹笋繁衍。

---

① 玉版：竹笋，鞭笋，玉兰片。

② 抽箨（tuò）：春季竹芽向上生长，即"抽箨"，突出地面者称"春笋"。箨，俗称"笋壳""笋皮"。

③ 挑鞭：《本草纲目》："土人于竹根行鞭时掘取嫩者谓之'鞭笋'。"挑，挖取。鞭，竹的地下茎。

④ 淇奥：《诗经·卫风·淇奥》："瞻彼淇奥，绿竹猗猗。"淇，水边。奥，通"澳""隩"，水边弯曲的地方。

⑤ 公族：古时指国君的家族。此处引申比喻竹林茂盛成族。

⑥ 孤竹君孙：比喻笋为竹之后代。孤竹，赞宁《笋谱》云："襄阳萐山下有孤竹，三年方生一笋，及笋成竹，竹母已死矣。"

雪藕

莲根①也，生熟皆可荐箸。

中虚七窍，不染一尘，岂但爽口，自可观心②。

【译】藕是莲的根，生熟都可以吃。

雪白的莲藕，中间有七个孔窍。它出于污泥而一尘不染，岂止是爽口好吃，更可贵的是能看出它永远保持纯洁的心。

土酥③

芦菔也，作玉糁羹。

雪浮玉糁，月浸瑶池④。咬得菜根，百事可为⑤。

【译】土酥就是芦菔（即萝卜），可以做萝卜羹。

白萝卜羹，像雪花飘浮玉糁，像月光洒满瑶池。能过清苦的生活，才能大有作为。

---

① 莲根：藕是莲的地下茎，古人误认为根。

② 观心：佛家语，观察心性。

③ 土酥：芦菔、莱菔，即萝卜。

④ 雪浮玉糁（shēn），月浸瑶池：这是美化白萝卜切碎做的羹。玉糁，美喻白色散粒。瑶池，神话中西王母所居地。

⑤ 咬得菜根，百事可为：宋吕本中《东莱吕紫微师友杂志》："汪信民尝言：人常咬得菜根则百事可做。"意思是能过清苦的生活，才能大有作为。

炊^①栗

蒸开蜜渍。

周人以栗^②，亦可以贽^③，紫壳吹开^④，黄中通理^⑤。

【译】蒸熟掰开，用蜜腌渍。

周朝的人用栗子祭祀祖先，同时又作为珍贵的礼品赠送给尊长，蒸熟掰开紫色的外壳，就看见黄色的栗仁和相连接的纹理。

煨^⑥芋

煨香，片切。

---

① 炊：烧、煮、蒸都可称"炊"。

② 周人以栗：周朝的人，用栗子祭祀。

③ 贽（zhì）：古代初次拜见尊长时所送的礼物。《周礼·天官笾人》："馈（赠送）食之笾（盛食品的竹器）其实栗。"

④ 紫壳吹开：把紫红色的外壳蒸开。

⑤ 黄中通理：黄色的栗仁接连纹理。

⑥ 煨：用微火慢慢地煮，或把生的食材放在带火的灰里烧熟。

朝三暮四①，狙公何为？邰彼羊羔②，啖③吾蹲鸱④。

【译】煨熟后切片。

整天玩弄心机权术，狙公啊，为什么要这样呢？去他的吧，羊羔美酒，我一心欣赏我的大芋头。

采杞

枸杞也，可饵可羹。

丹实累累，绿苗菁菁，饵之羹之⑤，心开目明⑥。

【译】采杞就是枸杞，用它做糕饼做羹汤。

丹红的枸杞子挂满了枝头，绿油油的枸杞苗长得也很茂盛。可以用它来做糕饼或羹汤，吃了它心开目又明。

---

① 朝三暮四：《庄子》上说，古代有一位养狙（猿猴）的老人，叫狙公，他把芋（xù，橡子）给狙吃，早上喂三个，晚上喂四个，众狙皆怒，他改为早上四个，晚上三个，众狙皆悦。后来人们用这个故事比喻以诈术欺人，或反复无常。

② 邰（xì）彼羊羔：放下那个鲜美的羊羔肉不吃。邰，今作"却"，退还，不接受。

③ 啖（dàn）：吃。

④ 蹲鸱（chī）：一种凶猛的鸟，也叫鸢（yào）鹰。《华阳国志》："汶山郡都安县有大芋如蹲鸱也。"后来人们以"蹲鸱"指芋。

⑤ 饵之羹之：用它做饼做汤。之，代指枸杞。

⑥ 心开目明：指对保养心目效益很大。

甘荠①

荠菜也，东坡有食荠法。且物为幽人山居之福。

谁谓荼苦，其甘如荠②，天生此物，为山居赐。

【译】甘荠就是荠菜，苏东坡有吃荠菜的方法。这种食材是生活在山中隐士的福气。

《诗经》中说："谁说荼花苦呢？它甜得像荠菜一样。"可见荠菜是很甜的。自然界生长的荠菜，好像是老天爷专门赏赐给山居隐士的。

篆粉③

篆豆粉也，铺姜为羹。

碾破绿珠④，撒成银缕⑤，热蠲⑥金石⑦，清澈肺腑。

【译】篆粉就是绿豆粉，撒到汤锅里可做羹汤。

用碾子把绿豆珠碾成粉面，把粉浆洒到汤锅里煮成银白

---

① 甘荠：李时珍曰："荠有大小数种，小荠叶小茎扁味美，大荠叶大而味不及。"

② 谁谓荼（tú）苦，其甘如荠：谁说荼是苦的呢？它甘甜得像荠菜一样。语出《诗经·邶风·谷风》。

③ 篆（lù）粉：这里指绿豆制成的粉条。篆豆，绿豆。

④ 碾破绿珠：用碾子把绿豆颗粒碾成粉。

⑤ 撒成银缕：把粉浆洒到锅里去做成粉条。

⑥ 蠲（juān）：免除。

⑦ 金石：指人体内的金石之毒。

色的细粉丝。吃了这绿豆粉，它的热力可以解除人体内的金石之毒，它的清凉，可以透彻人的肺腑。

紫芝①

荨②也，木荨为良。

漆园③之菌④，商山⑤之芝⑥，湿生者腴⑦，卉生者奇⑧。

【译】紫芝是菌，木蕈为良品。

漆园的菌，商山的灵芝草都很出名。在潮湿的地方生长的紫芝草长得很肥美，在草丛中生长的灵芝草很奇特。

白粲⑨

炊玉粒，沃以香汤。

---

① 紫芝：紫色灵芝草。

② 荨：这里指菌，通"蕈"。

③ 漆园：地名。

④ 菌：蘑菇等食用菌。

⑤ 商山：商洛山区，在陕西东南部。

⑥ 芝：菌类植物，生枯木上。《本草纲目》说：有青、赤、黄、白、黑、紫六色。商洛山区产的紫芝很出名。

⑦ 湿生者腴：生长在渠边、河畔和潮湿地区的很肥美。腴，肥美。

⑧ 卉生者奇：生长在草丛里的与众不同，比较奇特。卉，草的总称。奇，奇特。

⑨ 白粲（càn）：白花花的大米饭。

释之叟叟，烝之浮浮①，有一箪食②，吾复何求③。

【译】白粲，就是好大米焖成的饭，加入好水。

淘米嗖嗖响，蒸气热腾腾，如果有这样一碗米饭吃，我还有什么要追求的呢？

已④上二十品，不必求备⑤，得四之一斯足矣。前五品出经典，列之前筵⑥，尊经也。后十五品有则具，无则止，或樽⑦酒酬⑧酢⑨，畅叙幽情⑩，但勿醺酣⑪，恐俗此会。诗咏

---

① 释之叟叟，烝（zhēng）之浮浮：语出《诗经·大雅·生民》。释，淘米。叟叟，淘米声。烝，通"蒸"。浮浮，水蒸气上扬的样子。

② 一箪（dān）食：《论语·雍也》："一箪食，一瓢饮，在陋巷，人不堪其忧，回也不改其乐，贤哉回也！"这是孔子称赞弟子颜回安贫乐道的话。箪，古代盛饭用的竹器。一箪食，意思是"一筐饭"。

③ 吾复何求：只要有一碗饭吃，我还有什么要追求的呢？

④ 已：同"以"。

⑤ 不必求备：不必追求齐全。

⑥ 列之前筵：安排在宴席的前几道菜。

⑦ 樽（zūn）：酒器。

⑧ 酬：客人给主人祝酒后，主人再给客人敬酒。

⑨ 酢（zuò）：客人用酒回敬主人。

⑩ 畅叙幽情：舒畅地和朋友谈心。王羲之《兰亭集序》："亦足以畅叙幽情。"

⑪ 醺（xūn）酣：尽情醉饮。醺，古同"熏"，熏染。

采苹①，礼严祭菜②，涧溪沼沚之毛③，可羞王公④，可荐鬼神⑤，以之待宾，谁曰不宜？第未免贻笑于公膳侯鲭之家⑥，然不笑不足为道⑦。彼笑吾，吾笑彼，客辞出门大笑，吾归隐几⑧亦一笑，手录毕又自笑⑨。目阅过辄一笑⑩，乃万一此谱散在人间，世其传，笑将无穷也。

【译】以上这二十品，不必要求全部都有，有其中的四分之一就够了。前面五品出自经典，把它列在前面是为了尊重经典。后面十五品，如果有就吃，没有就算了。有时喝酒应酬，高兴地和朋友谈心里话，只是不要过量，喝醉了酒，以免世俗之气污染这些聚会。《诗经》有采苹之诗，《周

① 采苹：《诗经·召南》篇名。采，同"採"。苹，同"萍"，浮萍，一说大萍。

② 礼严祭菜：《礼记》中对祭祀用菜有严格的规定。

③ 涧溪沼沚之毛：长在河边、山沟和沙滩上的小植物。毛，古指地面所生的草木，如"不毛之地"。

④ 可羞王公：可以把菜做成食物进献给达官贵人。羞，进献食用。

⑤ 可荐鬼神：可以敬献给鬼神。荐，进献祭品。

⑥ 第未免贻笑于公膳侯鲭（zhēng）之家：但是，说不定会见笑于达官贵人们。第，但。公膳，公𫗦（sù，美味佳肴），帝王、诸侯祭祀、宴会所享用的食物。侯鲭，五侯鲭。汉成帝母舅王谭、王根、王立、王商、王逢同时封侯，号五侯。鲭，鱼和肉的杂烩。《西京杂记》卷二："五侯不相能，宾客不得来往，娄护（人名）丰辩（很会办事），传食五侯间，各得其欢心，竟致奇膳，护乃合以为鲭，世称五侯鲭。"这里"公膳侯鲭之家"指享受珍馐的富贵人家。

⑦ 不笑不足为道：他们不笑话就怪了。

⑧ 隐几：倚着几案。《孟子·公孙丑》："隐几而卧。"

⑨ 手录毕又自笑：把食谱写完后自己笑自己。录，抄录，记载。

⑩ 目阅过辄一笑：看着自己写的食谱，总是付之一笑。阅，省视，阅览。辄，每每。

礼》讲究祭菜。这些山涧、河畔、沼泽地和沙滩上长的小植物，可以做成食物进献达官贵人，也可以祭祀鬼神，用它来招待客人，谁能说不合适呢？说不定达官贵人们在吃的时候会笑话。他们不笑话就不值得一提了。他们笑我，我笑他们，客人辞别出门大笑，我回来倚着几案也笑。写成此谱，又自己笑自己。看过自己写的食谱，总是付之一笑。万一此谱流传在人世间，笑将没有穷尽了。

膳 夫 录

〔宋〕郑　望　撰

唐　艮
刘　晨　注释
刘　晨

张可心
夏金龙　译文

郑望^① 《膳夫录》

羊种

羊有二种不可食：毛长而黑壮者曰"骨骊^②"；白而有角者曰"古羊"，皆羶^③臭发病。羊之大者不过五十斤，奚中^④所产者百余斤。

【译】羊有两种不能吃：毛长而黑、肥壮的羊称为"羖骊山羊"；白色而有角的羊称为"古羊"，皆膻臭吃后会发病。大的羊不过五十斤，奚中地区产的羊有一百多斤。

樱桃有三种

樱桃其种有三：大而殷^⑤者曰"吴樱桃"；黄而白者曰"蜡珠"；小而赤者曰"水樱桃"。食之皆不如蜡珠。

---

① 郑望：人名。或作郑望之，字顾道。少有文名；入仕后，临事劲正，不受请托。宋钦宗时任工部侍郎，南宋高宗时任吏部侍郎。

② 骨骊（lì）：羖（gǔ）骊山羊。

③ 羶：同"膻"。

④ 奚中：地名。今河北承德、滦平、丰宁一带。

⑤ 殷：暗红色。

【译】樱桃的种类有三种：个大而呈暗红色的称为"吴樱桃"；黄而白色的称为"蜡珠"；个小而红色的称为"水樱桃"。吃起来都不如"蜡珠"好。

鲫鱼鲙①

鲙莫先于鲫鱼，鳊②、鲂③、鲷④、鲈⑤次之，鲚⑥鲙黄竹五种为下，其他皆强为⑦。

【译】做脍优选鲫鱼，鳊鱼、鲂鱼、鲷鱼、鲈鱼次之，鲚脍黄竹五种为下，其他都勉强可以做脍。

---

① 鲙（kuài）：同"脍"，细切的肉，这里指生鱼片。

② 鳊：也称长身鳊、鳊花、油鳊；古名槎头鳊，缩项鳊。在中国，鳊鱼也为三角鲂、团头鲂（武昌鱼）的统称。体长40厘米左右，比较适于静水性生活。主要分布于中国长江中、下游附属中型湖泊。生长迅速、适应能力强、食性广。其肉质嫩滑，味道鲜美。

③ 鲂：属鲤形目，鲤科，鲌亚科，鲂属的一种鱼类。俗称三角鳊、乌鳊、平胸鳊。

④ 鲷：真鲷，鲷科，真鲷属又叫加吉鱼、班加吉、加真鲷、铜盆鱼。加吉鱼体高侧扁，长50厘米以上，体呈银红色，有淡蓝色的斑点，尾鳍后绿黑色，头大、口小，上下颌牙前部圆锥形，后部白齿状，体被栉鳞，背鳍和臀鳍具硬棘。

⑤ 鲈：又称河鲈，为辐鳍鱼纲鲈形目鲈亚目河鲈科的其中一种，分布于欧洲、亚洲北部和西伯利亚的淡水流域。

⑥ 鲚：为洄游性鱼类，春、夏季由海进入江河行生殖洄游。在干支流或湖泊的缓流区产卵。卵粒具油球，受精后漂浮于水体上层孵化发育。幼鱼以浮游动物为食，肥育至秋后或翌年入海。成鱼食小鱼虾。

⑦ 强为：勉强可以做（脍）。

食檄①

弘君②举食檄，有：麞肶③、牛脦④、炙鸭、脯⑤鱼、熊白⑥、麞脯、糖蟹、车螯⑦。

【译】弘君列举的食单有：牛百叶、牛肉片、烤鸭、干鱼、熊白、獐肉脯、糖蟹、车螯。

五省盘

羊、兔、牛、熊、鹿并细治。

【译】羊、兔、牛、熊、鹿肉仔细加工好。

王母饭

遍镂卵脂⑧盖饭面，装杂味。

---

① 食檄（xí）：古代官方用的食单。檄，古代官方文书的名称。

② 弘君：其人不详。弘，姓。

③ 麞（zhāng）肶（pí）：牛胃，牛百叶。肶，古同"膍"。

④ 牛脦（zhé）：牛肉片。

⑤ 脯（sōu）：干鱼。

⑥ 熊白：熊脂；熊背上的白脂，珍味之一。

⑦ 车螯：蛤属，亦作砗螯，俗称昌蛾蜃（shèn）。壳紫色，璀璨如玉，有斑点。肉可食，肉、壳皆入药，自古即为海味珍品。

⑧ 遍镂卵脂：制法不详。镂，雕刻。

【译】（略）

食品

隋炀^①有：镂金龙凤蟹、萧家麦穗生^②、寒消粉、辣^③骄羊^④、玉尖面。

【译】（略）

八珍

八珍者淳熬^⑤、淳母^⑥、炮豚^⑦、捣珍^⑧、渍^⑨、熬^⑩、

---

① 隋炀：隋炀帝。

② 镂金龙凤蟹、萧家麦穗生：菜名，制法不详。

③ 辣：这里指烧成辣味。

④ 骄羊：肥羊。

⑤ 淳熬：稻米肉酱盖浇饭。《礼记》说："煎醢加于陆稻上，沃之以膏，曰'淳熬'。"

⑥ 淳母：黍米肉酱盖浇饭。《礼记》说："煎醢加于黍食上，沃之以膏，曰'淳母'。"

⑦ 炮豚：烧、烤小乳猪。豚，小乳猪。

⑧ 捣珍：脍肉扒。把牛、羊、麋、鹿、麕的脊侧肉，除去筋、腱，反复捶打，把肉搓揉软。

⑨ 渍：把新鲜的牛、羊肉切成薄片在美酒中浸渍。这里指酒香牛、羊肉。

⑩ 熬：把牛、羊肉进行捶打，去掉膜子，将桂皮与生姜剁成细末，撒在牛肉上，再加盐腌制。这里指五香牛、羊肉干。

糁^①、肝膋^②、炮牂^③盖八法也。

【译】八珍有淳熬、淳母、炮豚、捣珍、渍、熬、肝膋、炮牂这八种方法。

食次

食次有：脏脯法^④、羹臛法^⑤、肺䐆法^⑥、羊盘肠雌觧

---

① 糁：《礼记》郑、孔注疏本无此字。

② 肝膋（liáo）：把"网油包狗肝"蘸湿后放到火上烤。这里指烤网油包狗肝。膋，网油。

③ 炮牂（zāng）：烧、烤母羊羔。牂，母羊羔。

④ 脏脯（fǔ）法：《齐民要术》载："白汤熟煮，掠去浮沫，欲去釜时，尤须急火，急则易燥，置箔上阴干之，甜脆殊常。"又载："腊月初作，任为五味腊者皆中作，唯鱼不中耳。"脏，干肉。

⑤ 羹臛（huò）法：此处指以荤腥为主料烹制的羹。见《齐民要术》。臛，带汁的肉。

⑥ 肺䐆法：《齐民要术》："羊肺一具，煮令熟，细切。别作羊肉臛，以粳米二合生姜煮之。"

法^①、羌煮法^②、笋𥱊羹法^③、鲍臛汤法^④。

【译】食次有：肥腩法、羹臛法、肺膜法、羊盘肠雌觲
法、羌煮法、笋𥱊羹法、鲍臛汤法。

食单

韦仆射^⑤巨源有烧尾^⑥宴^⑦食单。

【译】韦巨源仆射有烧尾宴菜单。

---

① 羊盘肠雌觲法：《齐民要术》载："取羊血五升，去中脉麻迹裂之，细切羊脂肪二升，细切姜一觲，桔皮三叶，椒末一合，豆酱一升，豉汁五合，面一升五合，和米一升作糁，都和合，更以水三升浇之，解大肠，淘汰，复以白酒一过，洗肠中屈伸。以和灌肠，屈长五寸，煮之，视血不出便熟，寸切，以苦酒酱食之也。"

② 羌煮法：《齐民要术》载："好鹿头，纯煮令熟，著水中洗治，作脔如两指大。猪肉琢作臛，下葱白长二寸一虎口。细琢姜及桔皮各半合，椒少许，下苦酒，盐、豉适口。一鹿头用二斤猪肉作臛。"

③ 𥱊羹法：《齐民要术》中有笋𥱊鱼羹法，其制法为"𥱊汤清令释，细擘，先煮𥱊，令煮沸，下鱼、盐、豉半奠之"。

④ 鲍臛汤法：《齐民要术》载："烌（xún）去腹中净洗，中解五寸断之，煮沸令变色，出方寸分准熬之，与豉清研汁，煮令极熟。葱、姜、桔皮、胡芹、小蒜，并细切锻与之，下盐醋半奠。"

⑤ 韦仆射：韦巨源。仆射，官名。唐武则天当政时以夏官侍郎同平章事，唐中宗时附入韦后三等亲，见帝昏惑，暗中唆使韦后行武后故事，俄迁左仆射，诸韦败，为乱兵所杀。

⑥ 烧尾：唐时，凡新授大官，例许向皇帝献食，称烧尾。又，唐时士人新登第或升迁时的贺宴，也叫烧尾。

⑦ 宴：唐时新授大官例许向皇帝献食，或者新登第、升迁时候的贺宴。

汴中①节食

上元②：油䭔③；

人日④：六上菜⑤；

上巳⑥：手里行厨；

寒食⑦：冬凌⑧；

四月八⑨：指天馂⑩馅；

重五⑪：如意圆；

---

① 汴中：河南开封旧时称汴梁，亦简称汴。

② 上元：阴历正月十五为上元节，其夜为上元夜，也叫"元宵"。

③ 油䭔（duī）：蒸饼名。《玉篇》："蜀呼蒸饼曰䭔。"

④ 人日：夏历正月初七为"人日"。俗说："正月一日为鸡，二日为狗，三日为猪，四日为羊，五日为牛，六日为马，七日为人。" 杜甫有《人日》诗："元日到人日，未有不阴时。"

⑤ 六上菜：疑为"六一菜"。六一菜，即人日菜。六加一为七，正月初七为人日。

⑥ 上巳：节日名。古时以阴历三月上旬巳日为"上巳"。《后汉书·礼仪志上》："是月上巳，官民皆洁于东流水上，曰洗濯（zhuó）袚（fú）除，去宿垢疢（chèn，病），为大洁。"魏晋以后改为三月三日。

⑦ 寒食：节名。清明前一天（一说前两天）。相传起于晋文公悼念介子推一事。因为介子推最后抱木焚死，就决定在这一日禁止生火，吃冷食，故名寒食。

⑧ 冬凌：《辞海》有冬凌草条，别称"冰凌草""冰凌花"。该草可入药。

⑨ 四月八：《武林旧事》载：四月八日为佛诞日，诸寺院各有浴佛会，士人竞买龟、鱼、螺、蚌放生。

⑩ 馂：熟食。

⑪ 重五：农历五月初五，即端午节。

伏日^①：绿荷包子；

二社^②：辣鸡脔^③；

中秋：玩月羹；

中元^④：盂兰^⑤饼馅；

重九^⑥：米锦；

腊日^⑦：萱草^⑧面。

【译】（略）

厨婢

蔡太师京^⑨厨婢数百人、庖子^⑩亦十五人。段丞相^⑪有老

---

① 伏日：也叫"伏天"或"三伏"（头伏、中伏、末伏），是我国夏季最热的时期。古代也专指三伏中祭祀的一天。

② 二社：指春社日和秋社日，古代春、秋两次祭祀土神的日子。

③ 脔（luán）：切成小块的肉。

④ 中元：旧俗以阴历七月十五为"中元节"。

⑤ 盂兰：佛教仪式中有盂兰盆会，每逢夏历七月十五，佛教徒为追荐祖先所举行的活动。佛经中有《盂兰盆经》。此饼馅之命名为盂兰，可能与此有关。

⑥ 重九：节令名。农历九月初九称"重九"，也称"重阳"。

⑦ 腊日：旧时腊祭的日子。《荆楚岁时记》："十二月八日为腊日。"由此可见，这里的腊日即腊八，民间习俗，此日吃腊八粥。

⑧ 萱草：萱草之花可作蔬菜用，俗称"金针草"。

⑨ 蔡太师京：蔡京，宋徽宗时拜太师。

⑩ 庖子：厨师。

⑪ 段丞相：唐穆宗时丞相段文昌。

婢名膳祖①。

【译】蔡京太师家有厨婢几百人、厨师十五人。段丞相家有个老婢名叫"膳祖"。

牙盘食

御厨进馔，用九钉牙盘食。

【译】（略）

名食

衣冠家②名食有：凉胡突③、鲙鳢鱼④、臆⑤连蒸、麋麋皮、索饼⑥、上牢丸⑦。

【译】（略）

---

① 膳祖：段文昌饮食很讲究，有一老婢主持府中厨房四十年，并带徒九名，上下人等都很尊敬她，称她为段府"膳祖"。她的真实姓名不详。

② 衣冠家：世族、士绅之家。古代士以上戴冠，衣冠连称，是古代士以上的服装。后引申指世族、士绅。

③ 胡突：糊涂，一种糊状食品。

④ 鳢（lǐ）鱼：黑鱼。身体圆筒形，青褐色，头扁，性凶猛，捕食其他鱼类，为淡水养殖业的害鱼。

⑤ 臆（yì）：排骨。

⑥ 索饼：面条。

⑦ 上牢丸：疑有缺字，《酉阳杂俎》载有"笼上牢丸""汤中牢丸"。

食时五观

〔宋〕黄庭坚　撰

唐　艮　　注释

刘　晨

刘　晨

张可心　译文

夏金龙

黄庭坚^① 《食时五观》^②

古者君子有饮食之教在《乡党》《曲礼》^③，而士大夫临尊俎则忘之矣^④！故约释氏法^⑤，作士君子食时五观。云：

【译】古时候，在《论语·乡党》《礼记·曲礼》中记载了君子在饮食方面对后辈的教诲。而现在的士大夫们面对酒食的时候，就忘记了古代圣贤关于饮食方面的教诲。由于上述的原因，我仿效佛教戒律，拟定了士大夫在服用饮食时的五条注意事项，作为士大夫、君子在享用食品时有五个方面应引起注意，引为鉴戒。有：

---

① 黄庭坚：公元 1045—1105 年，北宋诗人、书法家。字鲁直，号山谷通人、涪翁，分宁（今江西修水）人。庭坚文章天成，与张耒、晁补之、秦观俱游苏轼门，时称苏门四学士。庭坚尤长于诗，世称"苏黄"。又善行草书，楷法自成一家。晚年信佛，《食时五观》大约是他晚年之作品。

② 《食时五观》：意为在享用食品时有五个方面应引起注意，引为鉴戒。本文意在教人勿忘物力维艰，应珍惜食物。观，观点，看法。

③ 古者君子有饮食之教在《乡党》《曲礼》：古时候，在《论语·乡党》《礼记·曲礼》中记载了君子在饮食方面对后辈的教诲。《论语》中有《乡党》篇，此篇中有"食不厌精，脍不厌细"一节，记录了孔子在饮食方面的主张。《曲礼》，是《礼记》中的篇名，此篇中杂记了春秋前后贵族饮食、起居、丧葬等各种礼制的"细节"。

④ 而士大夫临尊俎则忘之矣：而现在的士大夫们面对酒食的时候，就忘记了古代圣贤关于饮食方面的教诲。尊，又写作"樽""罇"，饮酒器。俎，祭享时用以载牲之器，这里用引申义，以"尊俎"借代"酒食"。

⑤ 约释氏法：由于上述的原因，我仿效佛教戒律，拟定了士大夫在服用饮食时的五条注意事项。释氏，佛教创始人释迦牟尼简称"释氏"，后来用来泛指佛教。约，略也，约释氏法，意谓参照、仿效释氏的方法。

一、计功多少，量彼来处^①

此食垦殖、收获、舂硙、淘汰、炊煮乃成，用功甚多^②。何况屠割生灵^③为己滋味，一人之食，十人作劳。家居则食父祖心力所营，虽是己财，亦承余庆^④；仕宦则食民之膏血，大不可言^⑤。

【译】这些食品都是经过垦殖、收获、舂硙、淘汰、炊煮等一系列的劳动过程才形成的，花费的劳动是很多的，是来之不易的。何况屠杀畜、禽等动物来作为自己的美味佳肴，一个人的饮食，要十个人的辛苦付出。就家庭这个角度来论说，吃喝享用时，应想到这是父祖辈花费心力经营的结果，应想到这是承受的先辈的恩泽，虽然吃的是自己的财产，但也不能浪

① 计功多少，量彼来处：此条意为士大夫在进餐时要考虑、计算一下这些食品花费了多少劳动，思量思量它的来源。知其来之不易，享用时才不至于随意糟蹋，即饮水思源之意。

② 此食垦殖、收获、舂硙（wèi）、淘汰、炊煮乃成，用功甚多：意为这些食品都是经过垦殖、收获、舂硙、淘汰、炊煮等一系列的劳动过程才形成的，花费的劳动是很多的，是来之不易的。硙，同"硙"，磨，这里作动词。

③ 生灵：生命，指畜、禽等动物。

④ 家居则食父祖心力所营，虽是己财，亦承余庆：此句就家庭这个角度来论说，吃喝享用时，应想到这是父祖辈花费心力经营的结果，应想到这是承受的先辈的恩泽，虽然吃的是自己的财产，但也不能浪费。余庆，指先代的遗泽。

⑤ 仕宦则食民之膏血，大不可言：此句意为如果入了仕途做了官，吃的就是人民的膏血。深知这一点，意义是很大的。其意义重大到不能用言语表达出来。

费。如果入了仕途做了官，吃的就是人民的膏血。深知这一点，意义是很大的。其意义重大到不能用言语表达出来。

二、忖己德行，全缺应供[①]

始于事亲，中于事君，终于立身[②]。全此三者，则应受此供；缺，则当知愧耻，不敢尽味。

【译】就人的道德来说，首先要尽心侍奉双亲，然后要竭尽忠心侍奉国君、报效国家，最后告老还家（乡）仍要注意自身的道德修养，保持晚节。这三个方面都具备的人，应该享受美食；有欠缺的人，应该知道惭愧羞耻，不应该尽情享受美食。

---

① 忖（cǔn）己德行，全缺应供：此条意为在享用食品时，要思量自己的德行，根据自己德行之周全或欠缺情况，决定自己应该享受多少美食。忖，思忖，估量。全，周全。缺，欠缺。

② 始于事亲，中于事君，终于立身：《孝经》："夫孝始于事亲，中于事君，终于立身。"意为就人的道德来说，首先要尽心侍奉双亲，然后要竭尽忠心侍奉国君、报效国家，最后告老还家（乡）仍要注意自身的道德修养，保持晚节。事，侍奉。立身，自我修养锻炼成为道德高尚的人。

三、防心离过，贪等为宗^①

治心养性，先防三过^②：美食则贪；恶食则嗔；终日^③食而不知食之所以来则痴。君子食无求饱^④，离此过也。

【译】治心养性，需要先防三过（过贪、过嗔、过痴）；遇到美食就贪吃；不好的饮食就埋怨；整天地享用饮食，却不知道所食之物的来之不易就是无知。君子享用饮食不仅仅求饱腹，莫不如此。

---

① 防心离过，贪等为宗：此条意为一个人要治心养性，应以远离过贪等为宗旨。

② 三过：过贪、过嗔（chēn）、过痴三种过错。嗔，埋怨。

③ 终日：整天。

④ 君子食无求饱：语出《论语·学而》。

四、正事①良药，为疗形苦②

五谷③五蔬④以养人，鱼肉以养老。形苦者饥渴为主病，四百四病⑤为客病⑥，故须食为医药，以自扶持。是故，知足者举箸⑦常如服药。

【译】各种谷物、蔬菜来养人，鱼、肉来养老。身体消瘦的人是因为吃不饱造成的，还有因为很多种外界因素引起的疾病，必须食为医药，需要自己调理。因此，知足的人吃饭常常像吃药一样。

---

① 正事：正治。中医学称正面治疗为"正治"。如以寒药治热症，以热药治寒症。这里是说以饮食治饥渴为正治。

② 形苦：人们因劳作而致身体消瘦。

③ 五谷：古代曾指麻、黍、稷、麦、豆或指稻、稷、麦、豆、麻，后泛指各种谷物。

④ 五蔬：古代曾指葵、韭、藿、薤、葱，后泛指各种蔬菜。

⑤ 四百四病：佛家语。极言病之多。

⑥ 客病：由于外界因素引起的各种疾病。

⑦ 举箸：吃饭。箸，筷子。

五、为成道业①，故受此食

君子无终食之间违仁②。先结款状③，然后受食。"彼君子兮，不素餐兮④"，此之谓也。

【译】君子不应有片刻工夫违背"仁"，即时时刻刻要按照"仁"的要求来行事。先立下保证，然后再去吃饭。"彼君子兮，不素餐兮（不白吃饭）"，说的就是这个道理。

---

① 道业：在某种思想、学说指导下的事业。

② 君子无终食之间违仁：终食之间，吃完一顿饭的时间，指时间之短暂，即片刻工夫。语出《论语·里仁》。此句意为君子不应有片刻工夫违背"仁"，即时时刻刻要按照"仁"的要求来行事。

③ 先结款状：犹言"先立下保证"。

④ 彼君子兮，不素餐兮：语出《诗经·魏风·伐檀》，不素餐，犹言"不白吃饭"。

食珍录

〔宋〕虞　悰　撰

唐艮晨
刘　晨　注释

刘　晨
张可心　译文
夏金龙

虞惊①《食珍录》

刘孝仪②曰："邺中③鹿尾乃酒殽④之最。"

【译】刘孝仪说："邺中鹿尾是美酒佳肴中最好的。"

贺季白⑤"有青州⑥蟹黄"。

【译】贺季白说："在青州有蟹黄。"

---

① 虞惊（cóng）：南齐余姚人，字景豫。少以孝闻。仕宋位黄门郎，建元初为太子中庶子，累迁祠部尚书。惊家善为滋味，武帝尝求诸饮食方，惊秘不出。后帝醉，体不快，惊乃献醒酒鲭鲊一方。还有，惊《南齐书》有传，但传中未言惊有《食珍录》之著。从下文所录食物的时间来看，有唐、五代及北宋时之食品，故疑此虞惊为北宋之同名者，或为后世人伪托之名。

② 刘孝仪：人名。生平不详。

③ 邺中：宋有相州邺郡，金升为彰德府，今河南安阳。

④ 殽：同"肴"。

⑤ 贺季白：人名。生平不详。

⑥ 青州：地名，古"九州"之一。《书·禹贡》："海、岱惟青州。"海，今渤海；岱，泰山。"海、岱惟青州"，从大海到泰山这一地区为青州的区域。

同昌公主^①传有消灵炙、红虬脯^②；宋馹^③楼子脍^④；仇士良^⑤赤明香脯^⑥。

【译】同昌公主传有消灵炙、红虬脯；宋馹有楼子脍；仇士良有赤明香脯。

韦巨源^⑦有单笼金乳酥、光明虾炙。

【译】韦巨源有单笼金乳酥、光明虾炙。

衣冠家有肖家馄饨^⑧；庾家糭子^⑨；韩约^⑩能作樱桃饆饠^⑪，其色不变。

① 同昌公主：唐懿宗之女。《同昌公主传》："同昌公主下降，上每赐御馔，有红虬（qiú）脯——红虬，非虬也，但贮于盘中，虬健如红丝。高一丈，以筋抑之，无三数分，撒即复其故。"又："公主下嫁，上每赐御馔，有消灵炙，一羊之肉，取之四两，虽经暑毒，终不臭败。"

② 消灵炙、红虬脯：均为菜名。参见上注。

③ 宋馹（mǐn）：人名，曾任广陵法曹。陶谷《清异录》载："广陵法曹宋馹有缕子脍，用碧筒为胎骨，鲤鱼子为配料。"

④ 楼子脍：菜名。即下文"楼子脍"。

⑤ 仇士良：唐兴宁人，字匡美。顺宗时侍东官，元和、太和年间任内外五坊使，武宗朝累进观军容使，兼统左右军。尝杀二王一妃四宰相，贪酷二十余年。

⑥ 赤明香脯：菜名。

⑦ 韦巨源：《清异录》载：韦巨源有烧尾宴食单，食单中载有光明虾炙等菜名。

⑧ 馄饨：一种面食。作"馄蚀"。用面片包馅做成。似今之水饺。

⑨ 糭（zòng）子：粽子。

⑩ 韩约：唐武陵人。本名重华。志勇决，略涉书，有吏干。

⑪ 饆（bì）饠（luó）：食品名。一说是一种面食，一说是一种抓饭。

【译】衣冠家有肖家馄饨；庾家有粽子；韩约能做樱桃
饆饠，它的颜色不变。

炀帝^① 御厨用九钉牙盘^② 食。

【译】隋炀帝杨广的御厨用九钉牙盘给他盛膳食吃。

金陵^③ 寒具^④ 嚼着惊动十里人。

【译】金陵寒具又脆又香，嚼起来十里内的人都可以受
到惊动。

谢讽^⑤ 食略有十样：卷生龙须炙、千金碎香饼子、花无
忧腊、连珠起肉……^⑥

【译】谢讽著的《食经》中有十种菜品：卷生龙须炙、

① 炀帝：隋炀帝杨广（公元 569 — 618 年），即位后营建东都洛阳，大兴土木，修
建宫殿和西苑。并开掘运河，开辟驰道，劳民伤财，再加上征敛苛虐、兵役繁重，
人民深受灾难。杨广是历史上臭名昭著的荒淫无耻的暴君，最后死于扬州，被禁军
将领宇文化及等缢杀。

② 九钉牙盘：食器。《卢氏杂说》："唐御厨进食，用九钉食，以牙盘九枚，装食
味于其间，置上前，亦谓之香食。"

③ 金陵：此处指建康，今江苏南京。

④ 寒具：陶谷《清异录·建康七妙》载："寒具嚼着惊动十里人。"寒具，馓子、
麻花一类的食品。

⑤ 谢讽：隋尚食直长。留有《食经》，载食物五十三种。这里说的食略，指的是《食
经》。见《清异录》。

⑥ 卷生龙须炙、千金碎香饼子、花无忧腊、连珠起肉……：皆为菜名。制法不详。

千金碎香饼子、花无忧腊、连珠起肉……

韦琳^①鳝表^②，诏答曰^③："省表，具知池沼搢绅、陂池俊义，穿蒲入荇^④，肥滑有闻。"

【译】韦琳替鳝鱼上表皇上，皇上下诏答曰："细读卿表，完全知晓了那些像鳝鱼一样圆滑的缙绅俊义是多么令人厌恶。"

浑羊设^⑤最为珍食，置鹅于羊中，内实粳肉，五味全，熟之。

【译】全羊是很珍贵的菜品，把鹅肉放在羊肚子里，里面装满粮食和肉，调好口味，烤熟。

① 韦琳：五代后梁京兆人，南迁于襄阳，天保中为舍人。

② 鳝（shàn）表：替鳝鱼上表皇上，把鳝鱼人格化，以讥刺时人。韦琳所作鳝表见《酉阳杂俎》。鳝，鳝鱼。

③ 诏答曰：皇上见了韦琳上的鳝表，下诏答曰，细读卿表，完全知晓了那些像鳝鱼一样圆滑的缙绅俊义是多么令人厌恶。

④ 荇（xìng）：荇菜，多年生草本植物，叶略呈圆形，浮在水面，根生水底，夏天开黄花；结椭圆形蒴果。全草可入药。

⑤ 浑羊设：菜名。浑羊，全羊。

谢朓①传有鮀臛汤法②。

【译】谢朓传有鮀臛汤的制作方法。

贾璘③以瓠④匏⑤接河源水，经宿⑥，器中色赤如绛⑦，以酿酒芳味世中所绝。

【译】贾璘用瓠瓜、匏瓜装河源水，容器里面的颜色呈深红色，用它来酿酒，酒的芳香味道世上绝无仅有了。

宋明帝⑧有蜜渍鲢鳢⑨。

【译】宋明帝有蜜渍鲢鳢。

---

① 谢朓（tiǎo）：南朝齐诗人。字玄晖，陈郡阳夏（今河南太康）人。曾任宣城太守、尚书、吏部郎等职。后被萧遥先诬陷，下狱死。在永明体作家中成就较高。诗多描写自然景色，善于熔裁，时出警句，风格清俊。颇为李白所推许。后世与谢灵运对举，亦称"小谢"。

② 鮀（tuó）臛（huò）汤法：鮀，鱼名，古代一种生活在淡水中的吹沙小鱼。臛，肉羹。《膳夫录·食次》作"鮀臛汤法"。

③ 贾璘：人名。生平不详。

④ 瓠（hù）：一种葫芦，嫩时可吃，老时可做盛物器。

⑤ 匏（páo）：匏瓜，即"瓢葫芦"。

⑥ 经宿：过了一夜。

⑦ 绛（jiàng）：深红色。

⑧ 宋明帝：指南朝宋明帝刘彧（yù）。见北宋沈括《梦溪笔谈》："宋明帝好食蜜渍鲢（zhú）鳢（yí），一食数升。"

⑨ 鲢鳢：鱼肠酱。《齐民要术》卷八："作鲢鳢法：取石首鱼、魦（shā）鱼、鰡（liú）鱼三种肠肚胞，齐净洗空，著白盐，令小倍咸，内（纳）器中，密封置日中，夏二十日、夏秋五十日、冬百日乃好，熟时下姜酢等。"

玉食批

〔宋〕司膳内人　撰

唐　艮
刘　晨　注释

刘　晨
张可心　译文
夏金龙

司膳内人^①《玉食批》^②

偶败箧^③中得上^④每日赐太子玉食批数纸，司膳内人所书也。

如：酒醋三腰子、三鲜笋、炒鹌子^⑤、烙润鸠^⑥子、熸^⑦石首鱼^⑧、土步^⑨辣羹、海盐蛇鲊^⑩、煎三色鲊、煎卧乌、焐^⑪湖鱼、糊炒田鸡^⑫、鸡人字焙^⑬腰子、糊燠^⑭鲇^⑮鱼、蝤蛑^⑯

① 司膳内人：掌管皇家膳食的官人。本文作者不得其名，后人故统称之。内人，指宫人。郑玄注《厨礼》："内人，女御也。"

② 《玉食批》：皇家食单。玉食，珍美的食品。批，公文的一种。

③ 败箧（qiè）：破旧的箱子。这里指旧书箱。

④ 上：皇上，这里指宋理宗。

⑤ 鹌子：鹌鹑。

⑥ 鸠（jiū）：鸟名。我国有绿鸠、南鸠、鹃鸠和斑鸠等。

⑦ 熸（zuǎn）：烹饪技法，似今"煎"。

⑧ 石首鱼：耳石特别发达，故名。体长侧扁，分布在热带和亚热带各海区，鳔可干制成"鱼肚"。我国重要种类有大黄鱼、小黄鱼、鮸（miǎn）和梅童鱼等。

⑨ 土步：土步鱼，即塘鳢，俗称"虎头鲨"。

⑩ 鲊：这里指海蜇。

⑪ 焐（wǔ）：烹饪技法，"煮"。

⑫ 田鸡：一般指青蛙。泛指青蛙、金钱蛙、虎纹蛙等。

⑬ 焙（bèi）：烹饪技法，用微火烘烤。

⑭ 糊燠（yù）：一种烹饪技法。不详。

⑮ 鲇（nián）：鱼名，即鲶。《本草纲目·鳞部》："鲇乃无鳞之鱼，大首偃额，大口大腹，鮠（wéi）身鳢尾，有齿、有胃、有须。生流水者，青白色；生止水者，青黄色。"

⑯ 蝤（yóu）蛑（móu）：海蟹的一类，头胸部的甲略呈棱形，螯长而大。常栖息在海底，又叫梭子蟹。

签①、麂②脾③、浮助酒蟹、江鳐④、青虾辣羹、燕鱼干鱼酒醋
蹄酥片、生豆腐百宜羹、燥子⑤炸白腰子、酒煎羊、二牲醋
脑子、清汁杂炕⑥胡鱼、肚儿辣羹、酒炊淮白鱼。

【译】偶然在旧书箱中得到宋理宗每天赐太子膳食的皇
家食单的几张纸，为掌管皇家膳食的宫人所写。

有：酒醋三腰子、三鲜笋、炒鹌子、烙润鸠子、燩石
首鱼、土步辣羹、海盐蛇鲊、煎三色鲊、煎卧乌、煸湖鱼、
糊炒田鸡、鸡人字焙腰子、糊燠鲇鱼、蝤蛑签、麂脾、浮助
酒蟹、江瑶、青虾辣羹、燕鱼干鱼酒醋蹄酥片、生豆腐百宜
羹、燥子炸白腰子、酒煎羊、二牲醋脑子、清汁杂炕胡鱼、
肚儿辣羹、酒炊淮白鱼。

呜呼！受天下之奉必先天下之忧，不然素餐有愧⑦不特⑧

---

① 签：指一种将馅塞进肠衣或卷筒油里的炸制食品。

② 麂（jǐ）：小型鹿类。

③ 脾：膀子。

④ 江鳐（yáo）：也叫"江瑶"，贝壳大而薄，前尖后广，呈楔形。我国南北沿海
都产。用其闭壳肌制成干制品，称"江鳐柱"，也叫"干贝"，是海味珍品。

⑤ 燥子：细切的肉。或作"臊子"。《水浒传》第三回："再要十斤寸金软骨，也
要细细地剁成臊子。"

⑥ 炕（ǒu）：这里是加热的意思。

⑦ 素餐有愧：白吃饭就会感到惭愧。《诗经·伐檀》："彼君子兮，不素餐兮！"

⑧ 不特：不仅仅。

是贵家之暴殄①，略举一二：

如：羊头签止取两翼②，土步鱼止取两腮③，以蝤蛑为
签、为馄饨、为枨瓮④，止取两螯，余悉弃之地；谓非贵人
食。有取之。则曰："若辈真狗子也！"噫！其可一日不知
菜味哉⑤。

【译】呜呼！享受天下人的俸禄一定要先天下人之前
先忧，不然白吃饭就会感到惭愧，不仅仅是皇家任意糟蹋物
品。略举一二：

如：羊头签只取羊的两个腮帮子，土步鱼只取两鳃，做
签菜、做馄饨、做橙瓮，只取梭子蟹的两个大钳，剩余的都
扔掉，这都不是贵人吃的。如果有拿走的，就说他们："你
们这些人就是真狗子！"唉！人是不可以一天不食菜肴的
（在制作菜肴时切不可浪费原料，要充分利用原料，不能暴
殄天物）。

又记：高宗幸⑥清河王张俊第⑦，供进御筵：

① 暴殄（tiǎn）：指任意糟蹋物品。暴，损害，糟蹋。殄，灭绝。

② 止取两翼：只取两翼。翼，通"颐"，在这里指腮帮子。

③ 腮：同"鳃"。

④ 枨（chéng）瓮：将橙子掏空，塞进蟹肉，类似冬瓜盅的制法。枨，同"橙"。

⑤ 其可一日不知菜味哉：人不可一天不食菜肴，在制作菜肴时切不可浪费原料，要
充分利用原料，不能暴殄天物。

⑥ 幸：特指皇帝到某处去。

⑦ 第：府第。

腊脯一行：

缐①肉条子、皂角铤子②、虾腊、云梦把儿肉腊③、奶房旋鲊、金山咸豉④、酒醋肉、肉瓜齑⑤。

垂手八盘子⑥：

拣蜂儿……

下酒十五盏：

第一盏	花炊鹌子	荔枝白腰子
第二盏	奶房签	三脆羹
第三盏	羊舌签	萌芽肚胘
第四盏	肫掌签	鹌子炙（一作羹）
第五盏	肚胘脍	鸳鸯炸肚
第六盏	沙鱼脍	炒沙鱼衬汤
第七盏	鳝鱼炒鲎⑦	鹅肫掌汤齑
第八盏	螃蟹酿枨	奶房玉蕊羹

① 缐（xiàn）：同"线"。

② 铤子：又写作"脡子"，指直条长的干肉。

③ 腊（xī）：腌制后风干或熏干的肉。

④ 豉：豆豉，有咸、淡两种，用煮熟的大豆发酵后制成，供调味用。《齐民要术》卷八有"作豉法"。

⑤ 齑：切碎的姜、葱、蒜等。

⑥ 垂手八盘子：除本文举的"拣蜂儿"外，还有"番葡萄""香莲事件念珠""巴揽子""大金桔""新椰子象牙板""小橄榄""榆柑子"。这八盘子装的都是时令水果。

⑦ 鲎（hòu）：也称"东方鲎""中国鲎"，体分头胸、腹及尾三部。我国浙江以南浅海中常见，可供食用。

第九盏　　鲜虾蹄子脍　　南炒鳝

第十盏　　洗手蟹　　鳜鱼①假蛤蜊

第十一盏　玉珍脍　　螃蟹清羹

第十二盏　鹌子水晶脍　猪肚假江珧

第十三盏　虾枨脍　　虾鱼汤齑

第十四盏　水母脍　　二色茧儿羹

第十五盏　蛤蜊生　　血粉羹

插食：

炒白腰子、炙肚胘、炙鹌子脯、润鸡、润兔、炙炊饼。

不炙炊饼，脔骨。

厨劝酒十味：

江珧炸肚、江珧生、蝤蛑签、姜醋香螺、香螺炸肚、姜醋假公权、煨牡蛎②、牡蛎炸肚、蟑蚷炸肚、阙③。

食十盏二十分④：

莲花鸭签、茧儿羹、三珍脍、南炒鳝、水母脍、鹌子羹、鳜鱼脍、三脆羹、洗手蟹、炸肚胘。

对展每分时果五盘⑤：

---

① 鳜（jì）鱼：鳜花鱼，即鳜（guì）鱼。肉质鲜嫩，生长快，是我国名贵淡水食用鱼。

② 牡蛎（lì）：牡蛎。

③ 阙：这里缺一道菜，《武林旧事》载，应为"假公权炸肚"。

④ 分：这里作"份"解。

⑤ 对展每分时果五盘：《武林旧事》载，应为："知省""御带""御药""直殿官""门司"。

......

晚食五十分各件：

二色茧儿、肚子羹、笑靥①儿、小头羹饭、脯腊、鸡
腊、鸭腊等如此。

【译】（略）

---

① 靥（yè）：酒窝儿。